NORMA DE DESEMPENHO DE EDIFICAÇÕES
MODELO DE APLICAÇÃO EM CONSTRUTORAS

Editora Appris Ltda.
2.ª Edição - Copyright© 2025 dos autores
Direitos de Edição Reservados à Editora Appris Ltda.

Nenhuma parte desta obra poderá ser utilizada indevidamente, sem estar de acordo com a Lei nº 9.610/98. Se incorreções forem encontradas, serão de exclusiva responsabilidade de seus organizadores. Foi realizado o Depósito Legal na Fundação Biblioteca Nacional, de acordo com as Leis nos 10.994, de 14/12/2004, e 12.192, de 14/01/2010.

Catalogação na Fonte
Elaborado por: Josefina A. S. Guedes
Bibliotecária CRB 9/870

C841n 2025	Costella, Marcelo Fabiano Norma de desempenho de edificações: modelo de aplicação em construtoras / Marcelo Fabiano Costella. – 2. ed. – Curitiba: Appris, 2025. 262 p. ; 23 cm. – (Ensino de ciências). ISBN 978-65-250-7673-7 1. Construção civil – Normas. 2. Desempenho. 3. Modelos arquitetônicos. I. Título. II. Série.
	CDD – 690

Livro de acordo com a normalização técnica da ABNT

Appris editorial

Editora e Livraria Appris Ltda.
Av. Manoel Ribas, 2265 – Mercês
Curitiba/PR – CEP: 80810-002
Tel. (41) 3156 - 4731
www.editoraappris.com.br

Printed in Brazil
Impresso no Brasil

Marcelo Fabiano Costella

NORMA DE DESEMPENHO DE EDIFICAÇÕES
MODELO DE APLICAÇÃO EM CONSTRUTORAS

2ª Edição

Appris *editora*

Curitiba, PR
2025

FICHA TÉCNICA

EDITORIAL Augusto Coelho
Sara C. de Andrade Coelho

COMITÊ EDITORIAL E CONSULTORIAS

Ana El Achkar (Universo/RJ)
Andréa Barbosa Gouveia (UFPR)
Antonio Evangelista de Souza Netto (PUC-SP)
Belinda Cunha (UFPB)
Délton Winter de Carvalho (FMP)
Edson da Silva (UFVJM)
Eliete Correia dos Santos (UEPB)
Erineu Foerste (Ufes)
Fabiano Santos (UERJ-IESP)
Francinete Fernandes de Sousa (UEPB)
Francisco Carlos Duarte (PUCPR)
Francisco de Assis (Fiam-Faam-SP-Brasil)
Gláucia Figueiredo (UNIPAMPA/ UDELAR)
Jacques de Lima Ferreira (UNOESC)
Jean Carlos Gonçalves (UFPR)
José Wálter Nunes (UnB)

Junia de Vilhena (PUC-RIO)
Lucas Mesquita (UNILA)
Márcia Gonçalves (Unitau)
Maria Margarida de Andrade (Umack)
Marilda A. Behrens (PUCPR)
Marília Andrade Torales Campos (UFPR)
Marli C. de Andrade
Patrícia L. Torres (PUCPR)
Paula Costa Mosca Macedo (UNIFESP)
Ramon Blanco (UNILA)
Roberta Ecleide Kelly (NEPE)
Roque Ismael da Costa Güllich (UFFS)
Sergio Gomes (UFRJ)
Tiago Gagliano Pinto Alberto (PUCPR)
Toni Reis (UP)
Valdomiro de Oliveira (UFPR)

SUPERVISORA EDITORIAL Renata C. Lopes

REVISÃO Andrea Bassoto Gatto

DIAGRAMAÇÃO Andrezza Libel

CAPA Eneo Lage

REVISÃO DE PROVA Lavínia Albuquerque

COMITÊ CIENTÍFICO DA COLEÇÃO ENSINO DE CIÊNCIAS

DIREÇÃO CIENTÍFICA Roque Ismael da Costa Güllich (UFFS)

CONSULTORES

Acácio Pagan (UFS)
Gilberto Souto Caramão (Setrem)
Ione Slongo (UFFS)
Leandro Belinaso Guimarães (Ufsc)
Lenice Heloísa de Arruda Silva (UFGD)
Lenir Basso Zanon (Unijuí)
Maria Cristina Pansera de Araújo (Unijuí)
Marsílvio Pereira (UFPB)
Neusa Maria Jhon Scheid (URI)

Noemi Boer (Unifra)
Joseana Stecca Farezim Knapp (UFGD)
Marcos Barros (UFRPE)
Sandro Rogério Vargas Ustra (UFU)
Silvia Nogueira Chaves (UFPA)
Juliana Rezende Torres (UFSCar)
Marlécio Maknamara da Silva Cunha (UFRN)
Claudia Christina Bravo e Sá Carneiro (UFC)
Marco Antonio Leandro Barzano (Uefs)

AGRADECIMENTOS

Na trajetória da construção deste livro, foram muitos os momentos pelos quais devo agradecer. Primeiramente, agradeço à Karline, Nicolas e Claudivana, coautores de capítulos do livro, pelas horas de dedicação e discussão dos aspectos técnicos que estão neste livro. Também agradeço a dedicação de todos os alunos que, nesses últimos anos, escreveram a sua monografia, dissertação ou tese no tema de desempenho de edificações.

Gostaria de agradecer principalmente à Unochapecó, que é o local onde foram desenvolvidas boa parte dessas pesquisas e o convívio dos últimos 24 anos! Em especial ao Programa de Pós-Graduação em Tecnologia e Gestão da Inovação que venho me dedicando nos últimos 11 anos com a oferta de curso de mestrado e doutorado profissional.

Em relação à aplicação da pesquisa, destaco a parceria com o Sinduscon/ Oeste e agradeço a todos as empresas que participaram deste estudo.

Um agradecimento principal para a minha família que foi de fundamental importância na minha trajetória pessoal e profissional: meus pais Nelso e Isabel, meus irmãos Sérgio e Karine, meus cunhados e meus sobrinhos.

Agora a minha fonte de inspiração para a vida que é a minha esposa Cassiana e meus filhos Giulia e Heitor, pelo seu amor, apoio e amizade constantes que permitem que eu consiga realizar essas pesquisas.

APRESENTAÇÃO

Este livro retrata o resultado da trajetória de aprendizagem do meu grupo de pesquisa em Desempenho de Edificações, mas essa história começa muito antes. Quando ainda trabalhava na construtora, em 2008, observei que havia a tal norma de desempenho, que seria publicada, mas para edificações de até cinco pavimentos, o que não se aplicava diretamente a nós, pois produzíamos somente edifícios superiores a 14 pavimentos.

Entretanto, houve uma reviravolta e a norma voltou para revisão e, para minha surpresa, no início de 2011, descobri que ela seria aplicada a qualquer edificação habitacional. A partir daí iniciei os estudos sobre a norma de desempenho, com a participação em eventos, como o Encontro Nacional da Indústria da Construção (Enic), e o desenvolvimento de estudos na graduação e na pós-graduação para o entendimento dos requisitos da NBR 15575: Edificações Habitacionais – Desempenho (neste livro denominado de norma de desempenho).

Assim, nos últimos seis anos foram muitas horas de discussão sobre a norma de desempenho com alunos da graduação, da especialização e do mestrado, com profissionais nos cursos ministrados e com os colegas nos eventos acadêmicos.

Ao longo desse tempo, além da busca pela interpretação dos requisitos da norma, também sentia a necessidade de uma ferramenta que pudesse facilitar a implantação da norma pelo profissional de engenharia responsável pelo empreendimento, posição à qual eu costumava estar vinculado.

Este livro apresenta uma seção de Fundamentos de Desempenho de Edificações e, em seguida, apresenta uma discussão sobre cada requisito da norma de desempenho para cada uma das seis partes, com a respectiva Lista de Verificação, a qual é o objetivo maior deste livro.

Enfim, desejo que esta obra possa auxiliar você e sua empresa, seja construtor, incorporador, projetista ou fornecedor, a aplicar os conceitos da norma de desempenho, no intuito de alcançar uma edificação mais eficiente!

Marcelo Fabiano Costella

PREFÁCIO

O conceito de desempenho das edificações, discutido e consolidado em todo o mundo, é definido como comportamento em uso ao longo da vida útil. Nesse sentido, a edificação deve apresentar características que a possibilitem cumprir os requisitos para os quais foi projetada dentro de determinadas condições de exposição e uso. A importância desse conceito está relacionada com a ideia de que a edificação, projetada e construída para atender a determinados requisitos de desempenho, apresente um maior nível de qualidade, sob o ponto de vista do bem-estar de seus usuários finais.

Em função da importância desse conceito, a Norma de Desempenho ABNT NBR 15575:2013, desde sua publicação, vem ganhando a atenção dos profissionais do setor da construção civil e destaque em canais de comunicação com a população em geral.

Essa abordagem, visando ao desempenho das edificações, iniciou-se muito antes, com a criação da Comissão de Trabalho W60 pelo CIB (International Council for Research and Innovation in the Building Construction), nos anos 70, e a publicação do Report 64, em 1982, sistematizando o conceito de desempenho. No Brasil, o tema ganhou maior importância na década de 80, com a contratação do Instituto de Pesquisas Tecnológicas (IPT) pelo Banco Nacional de Habitação (BNH), para elaboração de critérios mínimos para avaliação de desempenho sistemas construtivos inovadores.

Posteriormente, já no ano 2000, a Caixa Econômica Federal (CEF), com apoio da Financiadora de Estudos e Projetos (Finep), financiou o projeto intitulado Normas Técnicas para Avaliação de Sistemas Construtivos Inovadores, que faz parte da Coletânea Habitare. A partir desse projeto, institui-se uma Comissão de Estudos e diferentes grupos de trabalho, que resultaram no texto básico da Norma Brasileira de Desempenho. Texto que, posteriormente, foi submetido à discussão pública e culminou com a publicação da primeira versão da Norma, em 2008.

A primeira versão da Norma de Desempenho encontrou, em 2008, um setor da construção civil ainda despreparado para se adequar a essa proposta inovadora. Em comum acordo, as entidades setoriais decidiram estender o prazo de exigibilidade da Norma e durante cinco anos seu conteúdo foi reavaliado, atualizado e estendido, culminando com a publicação da atual versão da ABNT NBR 15575:2013.

Nesse trabalho estiveram envolvidos um amplo grupo de pessoas representantes da comunidade acadêmica, instituições governamentais, construtoras e incorporadoras, projetistas e fabricantes de materiais. Esse grupo, reunido em torno da discussão, da elaboração, da disseminação e, atualmente, da aplicação da Norma de Desempenho, possui, em comum, uma autêntica preocupação com a melhoria de qualidade de nossas edificações e com o bem-estar de seus usuários.

Participar dos esforços para implementação e atendimento à Norma de Desempenho como o que vem materializado neste livro, representa um grande orgulho e uma conquista para todos aqueles que participaram das discussões, que se empenharam em estudar, disseminar e promover o conteúdo desse importante documento.

Esta obra traz em seu conteúdo o resultado de estudos, discussões, interpretações e ações direcionados ao atendimento da Norma de Desempenho, desenvolvidos pelo grupo de pesquisa em Desempenho de Edificações da Unochapecó, em parceria com o Sinduscon/Oeste. O modelo de aplicação descrito representa uma importante contribuição para os profissionais do setor da construção civil, em especial àqueles vinculados às construtoras e incorporadoras, para agir de forma mais eficaz no atendimento aos requisitos de desempenho especificados na NBR 15575 durante as etapas de projeto e construção.

Tenho certeza de que os objetivos serão plenamente atendidos e parabenizo os autores, em especial ao meu colega Marcelo Fabiano Costella, pelo trabalho e pela iniciativa. Sucesso!

Professora doutora Elvira Lantelme
Programa de Pós-Graduação em Engenharia Civil da Imed – Passo Fundo/RS

LISTA DE ABREVIATURAS

ABNT   Associação Brasileira de Normas Técnicas.

ELU   Estado Limite Último.

FLD   Fator de Luz Diurna.

GLP   Gás Liquefeito de Petróleo.

ISO   International Organization for Standardization (Organização Internacional de Normalização).

ITA   Instituições Técnicas Avaliadoras.

NBR   Norma Brasileira Regulamentadora.

PVC   Policloreto de Vinila.

SC   Sistema de Cobertura

SPDA   Sistema de Proteção Contra Descargas Atmosféricas.

SVVE   Sistema de Vedações Verticais Externas.

SVVI   Sistema de Vedações Verticais Internas.

SVVIE   Sistema de Vedações Verticais Internas e Externas.

VUP   Vida Útil de Projeto.

SUMÁRIO

1

FUNDAMENTOS DE DESEMPENHO DE EDIFICAÇÕES HABITACIONAIS .. 15
1.1 A NORMA DE DESEMPENHO...15
1.2 DESEMPENHO DE EDIFICAÇÕES...16
1.3 REQUISITOS DO USUÁRIO...18
1.4 NÍVEIS DE DESEMPENHO..19
1.5 INCUMBÊNCIAS DOS INTERVENIENTES.....................................20
1.6 AVALIAÇÃO DE DESEMPENHO...22
1.7 DURABILIDADE E VIDA ÚTIL NAS CONSTRUÇÕES..........................24
1.8 PRAZOS DE RESPONSABILIDADE..28
1.9 DIFICULDADES NA IMPLANTAÇÃO DA NORMA DE DESEMPENHO..........29

2

LISTA DE VERIFICAÇÃO DA NORMA DE DESEMPENHO DE EDIFICAÇÕES 33
Marcelo Fabiano Costella
Karline Carubim

2.1 INTRODUÇÃO..33
2.2 PARTE 1: REQUISITOS GERAIS..35
2.3 PARTE 2: REQUISITOS PARA OS SISTEMAS ESTRUTURAIS....................61
2.4 PARTE 3: REQUISITOS PARA O SISTEMA DE PISOS..........................68
2.5 PARTE 4: SISTEMA DE VEDAÇÕES VERTICAIS INTERNAS E EXTERNAS – SVVIE 90
2.6 PARTE 5: REQUISITOS PARA SISTEMAS DE COBERTURAS 115
2.7 PARTE 6: SISTEMAS HIDROSSANITÁRIOS..................................137

3

ANÁLISE DOS ENSAIOS REQUERIDOS PELA NORMA DE DESEMPENHO.. 165
Marcelo Fabiano Costella
Nícolas Staine de Souza

3.1 INTRODUÇÃO..165
3.2 APRESENTAÇÃO DOS ENSAIOS OBRIGATÓRIOS POR CATEGORIA DE DESEMPENHO 167
3.3 INCUMBÊNCIA DA REALIZAÇÃO DOS ENSAIOS 175

4
ESTUDOS DE CASO DA APLICAÇÃO DA LISTA DE VERIFICAÇÃO DA NORMA DE DESEMPENHO 179
Marcelo Fabiano Costella
Claudivana Sistherenn Pagliari

4.1 INTRODUÇÃO 179

4.2 AVALIAÇÃO DA EVOLUÇÃO DAS OBRAS 181

4.3 ANÁLISE DAS PRINCIPAIS DIFICULDADES DAS EMPRESAS 184

4.4 DISCUSSÃO 190

4.5 CONSIDERAÇÕES FINAIS 192

REFERÊNCIAS 193

SOBRE OS AUTORES 199

APÊNDICE
LISTA DE VERIFICAÇÃO DA NORMA DE DESEMPENHO 201

1

FUNDAMENTOS DE DESEMPENHO DE EDIFICAÇÕES HABITACIONAIS

1.1 A NORMA DE DESEMPENHO

O conjunto de normas denominado NBR 15575 foi desenvolvido com a finalidade de estabelecer um padrão de desempenho mínimo nas edificações habitacionais, visando a qualidade e a inovação tecnológica na construção. Assim, o desempenho está relacionado com as exigências dos usuários de edifícios habitacionais e seus sistemas referentes ao seu comportamento em uso, sendo uma consequência da forma como são construídos.

Este livro é baseado na ABNT NBR 15575: Edificações Habitacionais – Desempenho, a qual será denominada como norma de desempenho ao longo do texto. Entretanto, a NBR 15575 é dividida em seis partes, as quais serão comentadas frequentemente e, em função disso, serão referenciadas somente nesta primeira página e na seção de referências bibliográficas. Então, as seis partes da norma são:

- NBR 15575-1: Requisitos gerais (ASSOCIAÇÃO BRASILEIRA DE NORMAS TÉCNICAS. **NBR 15575-1: Edificações habitacionais – Desempenho.** Parte 1: Requisitos Gerais. Rio de Janeiro, 2024).

- NBR 15575-2: Requisitos para os sistemas estruturais (ASSO-CIAÇÃO BRASILEIRA DE NORMAS TÉCNICAS. **NBR 15575-2: Edificações habitacionais – Desempenho.** Parte 2: Requisitos para os sistemas estruturais. Rio de Janeiro, 2013).

- NBR 15575-3: Requisitos para os sistemas de pisos (ASSOCIAÇÃO BRASILEIRA DE NORMAS TÉCNICAS. **NBR 15575-3: Edificações habitacionais – Desempenho.** Parte 3: Requisitos para os sistemas de pisos. Rio de Janeiro, 2021).

- NBR 15575-4: Requisitos para os sistemas de vedações verticais internas e externas – SVVIE (ASSOCIAÇÃO BRASILEIRA DE NORMAS TÉCNICAS. **NBR 15575-4: Edificações habitacionais**

– **Desempenho**. Parte 4: Requisitos para os sistemas de vedações verticais internas e externas. Rio de Janeiro, 2021).

- NBR 15575-5: Requisitos para os sistemas de cobertura – SC (ASSOCIAÇÃO BRASILEIRA DE NORMAS TÉCNICAS. **NBR 15575-5: Edificações habitacionais – Desempenho**. Parte 5: Requisitos para os sistemas de cobertura. Rio de Janeiro, 2021).

- NBR 15575-6: Requisitos para os sistemas hidrossanitários (ASSOCIAÇÃO BRASILEIRA DE NORMAS TÉCNICAS. **NBR 15575-6: Edificações habitacionais – Desempenho**. Parte 6: Requisitos para os sistemas hidrossanitários. Rio de Janeiro, 2021).

A NBR 15575 representa um avanço para a construção do Brasil, sendo que a partir do conceito de comportamento em uso, inicia-se um pensamento em relação ao desempenho, desde a concepção do projeto[1].

A norma de desempenho é aplicável a edificações habitacionais com qualquer número de pavimentos, porém há uma ressalva quanto às edificações que ela não abrange, sendo estas:

- obras em andamento ou que já tenham sido concluídas até a data de aplicação da norma.

- obras de reforma ou retrofit.

- edificações provisórias.

- projetos protocolados nos órgãos específicos até a data de aplicação da norma[2].

Em termos de referências normativas, as seis partes da NBR 15575 possuem mais de duzentas normas referenciadas, sendo a maioria de normas nacionais.

1.2 DESEMPENHO DE EDIFICAÇÕES

Desempenho é considerado o comportamento de uma edificação e de seus sistemas quando em uso. Assim, as edificações baseadas nesse conceito devem ter foco sobre o desempenho requerido de acordo com

---

[1] LORENZI, L. S. **análise crítica e proposições de avanço nas metodologias de ensaios experimentais de desempenho à luz da ABNT NBR 15575 (2013) para edificações habitacionais de interesse social térreas**. 222f. 2013. Tese (Doutorado em Engenharia Civil) – UFRGS Universidade Federal do Rio Grande do Sul, Porto Alegre, 2013.

[2] A versão atual prevê a data de aplicação a partir de 19/07/2013.

as funções a serem exercidas junto às necessidades dos usuários finais. A partir daí trata-se, então, de definir os requisitos e soluções de engenharia de forma adequada a atender essas necessidades[3].

Embora a engenharia de desempenho seja algo distinto do que há hoje nas práticas no território nacional, que, por sua vez, utiliza-se da engenharia prescritiva, existem fatores no mercado da construção que favorecem a incorporação da engenharia de desempenho em vários elos da cadeia construtiva, entre eles os desenvolvedores de novos componentes, elementos e sistemas que desejam introduzir suas inovações no mercado sem restrições excessivas de construção; os construtores que desejam utilizar tecnologias inovadoras e materiais alternativos; os empreendedores que estão interessados na otimização dos seus projetos em todo o nível do edifício e são prejudicados por especificações de engenharia injustificadas, restritivas e até em níveis baixos; os empresários que permanecem os proprietários do edifício e estão interessados em assegurar a adequação em longo prazo das instalações construídas para os seus usos pretendidos; e os proprietários, locatários e usuários finais, que estão interessados na satisfação das suas necessidades dentro do edifício que ocupam.

Os desenvolvedores de novos componentes, construtores e empreendedores tendem a estimular o desenvolvimento de uma engenharia mais flexível, que usufrui de diversas soluções e criatividade profissional na criação de suas edificações, o que quebra barreiras encontradas pelas tecnologias inovadoras que ainda não possuem espaço no mercado.

Uma barreira à utilização do desempenho na atividade da construção civil é a inércia, visto que ainda utiliza várias técnicas construtivas milenares e sistemas construtivos convencionais. Já a engenharia de desempenho apresenta alguns fatores favoráveis a quem opta pela abordagem de desempenho[4]:

- Redução de barreiras no mercado: a abordagem de desempenho necessita apenas de dados de saída ao invés de entrada. Dessa forma, o mercado fornecedor de componentes para construção tende a trabalhar com produtos mais padronizados, quebrando barreiras nos mercados nacional e internacional.

---

[3] SZIGETI, F.; DAVIS, G. **Performance based building: conceptual framework**. Performance Based Building, PeBBu Thematic Network. Rotterdam, out. 2005. Disponível em: http://www.irbnet.de/daten/iconda/CIB22199.pdf. Acesso em: 15 jan. 2018.

[4] BECKER, R. M. **PBB International State of the Art**. Chapter 5. Performance Based Building, PeBBu Thematic Network. Rotterdam, out. 2005. Disponível em: http://www.irbnet.de/daten/iconda/CIB21987.pdf. Acesso em: 15 jan. 2018.

- Estimulo à inovação: essa metodologia oferece meios bem definidos de como avaliar o desempenho das soluções passíveis para se atender requisitos, logo, isso não cria só um ambiente de apoio à inovação tecnológica, mas também pode ser um gatilho para novos projetos que desanimam diante da abordagem prescritiva que prevalece atualmente.

- Qualidade em habitação: de um ponto de vista social, a engenharia de desempenho coloca as necessidades dos usuários em primeiro plano, como conforto térmico-acústico, saúde, higiene, qualidade do ar e segurança, entre outros pontos que refletem diretamente na qualidade em habitação; embora a engenharia prescritiva implicitamente trate dessas questões.

- Legislações mais transparentes: a abordagem de desempenho garante legislações e normatizações mais transparentes baseadas em intenções, impossibilitando estipulações prescritivas injustificadas e arbitrárias.

- Previsibilidade nos resultados: os métodos de avaliação com base científica adotados na engenharia de desempenho possibilitam estimativas confiáveis de resultados, custos e ciclo de vida de empreendimentos.

- Alcance das melhores soluções: do ponto de vista empreendedor, a engenharia de desempenho possibilita o encontro de soluções mais precisas diante das necessidades, podendo reduzir o custo global de obras.

- Aumento do prestígio: as empresas, chegando mais próximas do que o cliente deseja, podem ser parte de uma estratégia comercial para o desenvolvimento de reputação e status e para melhorar a competitividade e as vendas no mercado.

1.3 REQUISITOS DO USUÁRIO

As exigências do usuário utilizadas como parâmetro para a definição dos requisitos e critérios de desempenho estão presentes em cada uma das partes da norma, sendo elas:

- Segurança: segurança estrutural, contra o fogo e no uso e na operação.

- Habitabilidade: estanqueidade, desempenho térmico, desempenho acústico, desempenho lumínico, saúde, higiene e qualidade do ar, funcionalidade e acessibilidade e conforto tátil e antropodinâmico.

- Sustentabilidade: durabilidade, manutenibilidade e impacto ambiental.

1.4 NÍVEIS DE DESEMPENHO

A NBR 15575 estabelece, além dos requisitos mínimos de desempenho (M), valores referentes para os níveis intermediário (I) e superior (S). Enquanto o nível mínimo de desempenho é obrigatório, os demais consideram a possibilidade de melhoria da qualidade da edificação, por isso, quando da utilização dos níveis intermediário e superior de desempenho, eles devem ser informados e destacados em projeto. Mas nem todos os requisitos possuem indicação de níveis de desempenho intermediário e superior. Somente os indicados em itens específicos, os quais são listados por parte de normas.

O Anexo E da NBR 15575-1 (Requisitos Gerais) apresenta os parâmetros necessários para cada nível de desempenho geral da edificação. Essa escala de níveis está presente em três categorias de desempenho:

- Térmico (Valores máximos de temperatura interna).

- Lumínico (Iluminação natural / Iluminação artificial).

- Acústico (Ruídos gerados por equipamentos prediais).

O Anexo D da NBR 15575-2 (Sistemas Estruturais) apresenta os parâmetros necessários para cada nível de desempenho dos sistemas estruturais. Essa escala de níveis está presente em uma categoria de desempenho:

- Estrutural (Impactos de corpo mole / Impactos de corpo duro).

O Anexo E da NBR 15575-3 (Sistemas de Pisos) apresenta os parâmetros necessários para cada nível de desempenho dos sistemas de piso. Essa escala de níveis está presente em uma categoria de desempenho:

- Acústico (Ruído de impacto / Isolamento de ruído aéreo).

O Anexo F da NBR 15575-4 (Sistemas de Vedações Verticais Internas e Externas) apresenta os parâmetros necessários para cada nível de desempenho dos sistemas de vedações. Essa escala de níveis está presente em três categorias de desempenho:

- Estrutural (Impacto de corpo mole / Impacto de corpo duro / Solicitações de cargas provenientes de peças suspensas).

- Estanqueidade (Estanqueidade à água de chuva combinado a ação de ventos: percentual de manchamento em câmara aspersora).

- Acústico (Ruídos externos / Ruídos permitidos na habitação / Vedação entre ambientes)

O Anexo I da NBR 15575-5 (Sistemas de Cobertura) apresenta os parâmetros necessários para cada nível de desempenho dos sistemas de cobertura. Essa escala de níveis está presente em cinco categorias de desempenho:

- Estrutural (Ação de granizo e outras cargas acidentais).

- Estanqueidade (Impermeabilidade / Durabilidade da estanqueidade).

- Térmico (Transmitância térmica).

- Acústico (Ruídos aéreos externos / Ruídos de impacto em coberturas acessíveis de uso coletivo).

- Durabilidade e manutenibilidade (Estabilidade da cor de telhas e outros componentes da cobertura).

O Anexo B da NBR 15575-6 (Sistemas hidrossanitário) apresenta os parâmetros necessários para cada nível de desempenho dos sistemas hidrossanitários. Essa escala de níveis está presente em uma categoria de desempenho:

- Acústico (Ruídos gerados na operação de equipamentos hidrossanitários prediais).

1.5 INCUMBÊNCIAS DOS INTERVENIENTES

Nesse item são descritas as incumbências de cada parte, nas edificações habitacionais, visando a sua contribuição e responsabilidade quanto aos produtos/serviços oferecidos.

O fornecedor de insumo, material, componente e/ou sistema deve caracterizar o desempenho de acordo com a norma, o que deveria incluir o prazo de vida útil do produto e os cuidados na operação e manutenção. Entretanto, esse tem sido um dos gargalos da aplicação da norma, tendo em vista que a maioria dos fabricantes tem dificuldade de atender a esse requisito.

NORMA DE DESEMPENHO DE EDIFICAÇÕES: MODELO DE APLICAÇÃO EM CONSTRUTORAS

O projetista deve estabelecer a Vida útil de Projeto (VUP) de cada sistema que compõe a norma, especificando cada produto, material e processo, sendo que eles devem atender ao nível mínimo de desempenho. Nesse caso, recai uma grande responsabilidade sobre o projetista, pois a especificação é complexa (visto que os fornecedores não a estão provendo) e inclui a durabilidade, tendo em vista a necessidade de se estabelecer a VUP.

O construtor e incorporador devem identificar os riscos previsíveis da época do projeto e, juntamente com a equipe de projeto, definir os níveis de desempenho para cada elemento da construção. Ainda, devem elaborar o manual de operação uso e manutenção com os prazos de vida útil (VUP) e de garantia superiores ou iguais aos citados na norma. Cabe destacar a necessidade de se elaborar um plano detalhado e exequível de manutenção.

Já o usuário deve utilizar de forma correta a edificação, sem alterar nenhuma das características de projeto iniciais e, principalmente, realizar a manutenção de acordo com o manual de uso e manutenção.

Os critérios de desempenho são ramificações dos requisitos, apresentando características mensuráveis, podendo ser objetivamente determinados. Enfim, trata-se da padronização do desempenho, pois no uso dos números elimina-se a subjetividade intrínseca característica das diferenças existentes de indivíduo para indivíduo. Como exemplo, o critério 8.3 da NBR 15575-1 determina "as rotas de saída de emergência dos edifícios devem atender ao disposto na ABNT NBR 9077"[5]. Nesse caso, as recomendações são expressas nas quantidades e larguras das saídas de emergência de acordo com o tamanho e utilização da edificação.

Já os métodos de avaliação consistem no tipo de avaliação sugerido para cada requisito, aplicado para obter, numericamente, qual o desempenho da edificação ou sistema. Dentre os métodos citados pela norma, destacam-se os ensaios laboratoriais, os ensaios de tipo, os ensaios em campo, as inspeções em protótipos ou em campo, as simulações e a análise de projetos. No exemplo utilizado, o critério 8.3 da NBR 15575-1 determina análise de projeto ou por inspeção em protótipo.

A norma ainda recomenda que as avaliações de desempenho tenham seus resultados registrados por meio de fotografias, memoriais de cálculo, observações instrumentadas, catálogos técnicos dos produtos, registro

---

[5] ASSOCIAÇÃO BRASILEIRA DE NORMAS TÉCNICAS. **NBR 9077: Saídas de emergência em edifícios**. Rio de Janeiro, 2001.

de eventuais planos de expansão ou outros métodos necessários. Ainda, recomendam que as avaliações de desempenho sejam realizadas por órgãos competentes, como instituições de ensino e pesquisa, laboratórios especializados, empresas de tecnologia, equipes multiprofissionais ou profissionais de reconhecida capacidade técnica.

Além disso, a NBR 15575-1 determina premissas de projeto que consistem nas atribuições, que devem se expressar em projeto, como a identificação de que norma deve ser seguida para cada sistema, ou até mesmo que produto deve ser utilizado. Podem também exigir a especificação de métodos ou materiais utilizados, os quais diminuem os riscos aplicados à edificação ou sistema.

1.6 AVALIAÇÃO DE DESEMPENHO

FIGURA 1 – ESTRUTURA DE ABORDAGEM DA NORMA DE DESEMPENHO

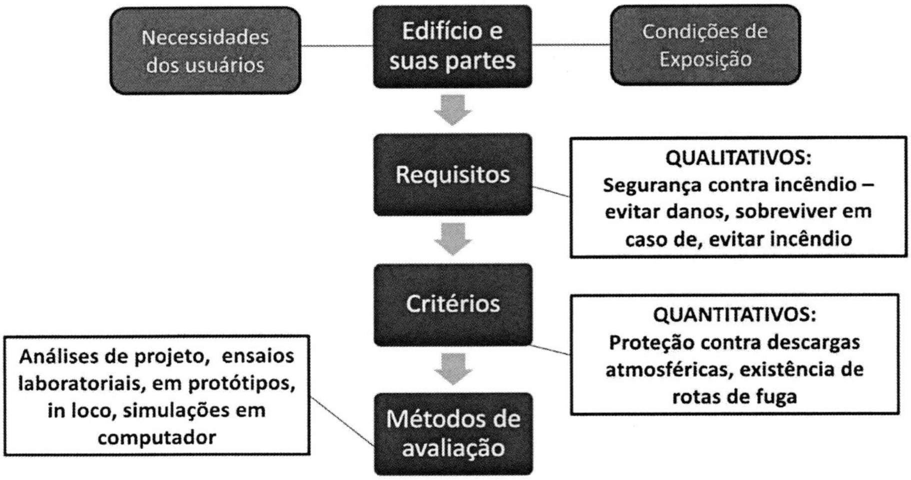

FONTE – ELABORADO PELO AUTOR

A partir das necessidades dos usuários e as respectivas condições de exposição, o edifício e suas partes são projetados. Para isso, os requisitos de desempenho devem ser considerados, sendo as exigências qualitativas dos usuários em relação ao desempenho da edificação e à sua qualidade. Também podem ser considerados os atributos mínimos de cada exigência do usuário. Como exemplo, o requisito 8.3 da NBR 15575-1 determina facilitar a fuga dos usuários em situação de incêndio.

É necessário que o profissional que avalia o desempenho seja dotado de conhecimento técnico avançado sobre cada um dos requisitos que irá avaliar, tanto sobre os materiais quanto às técnicas utilizadas na construção. A distribuição dos requisitos em cada norma é apresentada no Quadro 1.

QUADRO 1 – REQUISITOS DE DESEMPENHO – QUANTIFICAÇÃO POR PARTES DA NORMA

Parte 1: Requisitos gerais	30
Parte 2: Requisitos para os sistemas estruturais	6
Parte 3: Requisitos para os sistemas de pisos	21
Parte 4: Requisitos para os sistemas de vedações verticais internas e externas – SVVIE	22
Parte 5: Requisitos para os sistemas de coberturas	29
Parte 6: Requisitos para os sistemas hidrossanitários	41
TOTAL	149

FONTE – ELABORADO PELO AUTOR

Nesse caso, destaca-se o grande número de requisitos nas últimas duas partes da norma, visto que se esperava que o maior número de requisitos estivesse concentrada na Parte 1, pois ser essa a que determina as considerações gerais de toda a edificação.

No Quadro 2, os requisitos são classificados de acordo com as necessidades do usuário e pode-se observar um equilíbrio entre as categorias de segurança e habitabilidade.

QUADRO 2 – REQUISITOS DE DESEMPENHO – QUANTIFICAÇÃO POR CATEGORIA DE DESEMPENHO E POR REQUISITOS DO USUÁRIO

Desempenho estrutural	29		
Segurança contra incêndio	20	68	Segurança
Segurança no uso e na ocupação	19		

Estanqueidade	16		
Desempenho térmico	6		
Desempenho acústico	12		
Desempenho lumínico	3	60	Habitabilidade
Conforto tátil e antropodinâmico	4		
Saúde higiene e qualidade do ar	9		
Funcionalidade e acessibilidade	10		
Durabilidade e manutenibilidade	19	21	Sustentabilidade
Adequação ambiental	2		
TOTAL	149		TOTAL

FONTE – ELABORADO PELO AUTOR

1.7 DURABILIDADE E VIDA ÚTIL NAS CONSTRUÇÕES

Enquanto a durabilidade é o período no qual o produto mantém as características ou funções que lhe foram atribuídas, atendendo ao desempenho esperado ao longo de sua vida útil e "a capacidade do edifício e suas partes manterem ao longo do tempo o desempenho, quando expostos a condições normais de uso"[6].

A vida útil é uma medida temporal de durabilidade de um edifício ou de suas partes, ou seja, a vida útil é a quantificação da durabilidade. A NBR 15575-1 determina o tempo que um edifício mantém o desempenho esperado por meio dos conceitos de "vida útil", "vida útil de projeto" e "vida útil requerida". Ao associar desempenho à vida útil e à durabilidade, a norma trata não apenas do nível de qualidade da edificação, mas também de quanto tempo a edificação é capaz de manter esse nível de qualidade.

A vida útil (*service life*) é o período de tempo em que o edifício (seus sistemas e elementos) se presta às atividades para as quais foi projetado, com atendimento aos níveis de desempenho mínimos previstos, conside-

---

[6] JOHN, V. M.; SATO, N. M. Durabilidade de componentes da construção. **Coletânea Habitare**, Porto Alegre, v. 7, p. 20-57, 2006.

rando a correta execução do plano de manutenção especificado no manual de uso, operação e manutenção. A vida útil estimada (*predicted service life*) é o termo usado para definir a durabilidade prevista da edificação, que pode ser estimada a partir de dados históricos de desempenho do produto ou de ensaios de envelhecimento acelerado

Vida útil de projeto (*design life*) é uma estimativa teórica de tempo para o qual um edifício é projetado, considerando que, nesse período, o desempenho do empreendimento atenda aos requisitos mínimos normativos. Esse tempo é estimando considerando os materiais usados na construção, o local onde será construído e o total atendimento ao plano de manutenção previsto no manual de uso, operação e manutenção.

A vida útil de projeto (VUP) pode ser entendida como uma expressão de caráter econômico, em que o usuário tem a opção de escolher pela melhor relação custo com o tempo de usufruto do bem (o benefício). A norma ainda comenta que se pode escolher entre uma infinidade de técnicas e materiais ao projetar um sistema ou elemento. Enquanto alguns desses materiais, juntamente com as técnicas adequadas, podem ter vida útil de projeto de 20 anos sem manutenção, outros não passam de cinco anos.

Nesse aspecto, os fabricantes dos materiais geralmente têm muito conhecimento sobre as características de desempenho dos seus produtos. Porém, sem um conhecimento detalhado das exigências de desempenho e dos agentes ambientais, dados confiáveis dos produtos podem não ser utilizados para a determinação da vida útil. Além disso, a norma de desempenho menciona que para a VUP mínima poder ser atingida é necessário que os fabricantes de materiais e componentes que serão utilizados nas construções informem em documentação técnica as recomendações necessárias para a manutenção corretiva e preventiva.

Enfim, para obter um material confiável e de qualidade, não basta garantir suas características técnicas iniciais. É necessário também que se comportem de maneira satisfatória ao longo de sua vida útil, ou seja, que se tenha durabilidade adequada à sua proposta.

Uma das inovações da norma de desempenho é a determinação da vida útil de projeto (VUP) conforme o Quadro 3, na qual apresenta a VUP em anexo para os três níveis de desempenho: mínimo, intermediário e superior.

QUADRO 3 – VIDA ÚTIL DE PROJETO DOS SISTEMAS DE UMA EDIFICAÇÃO

Sistema	VUP anos		
	Mínimo	Intermediário	Superior
Estrutura	≥ 50	≥ 63	≥ 75
Pisos internos	≥ 13	≥ 17	≥ 20
Vedação vertical externa	≥ 40	≥ 50	≥ 60
Vedação vertical interna	≥ 20	≥ 25	≥ 30
Cobertura	≥ 20	≥ 25	≥ 30
Hidrossanitário	> 20	> 25	> 30

a. Considerando periodicidade e processos de manutenção segundo a ABNT NBR 5674 e especificados no respectivo manual de uso, operação e manutenção entregue ao usuário elaborado em atendimento à ABNT NBR 14037.
FONTE – NBR 15575-1

A vida útil pode ser normalmente prolongada por meio de ações de manutenção. Quem define a vida útil de projeto deve também estabelecer as ações de manutenção que devem ser realizadas para garantir o atendimento à VUP. Na Figura 2 é representado um esquema das manutenções que são necessárias para o desempenho da edificação ao longo de determinado tempo.

FIGURA 2 – DESEMPENHO AO LONGO DO TEMPO

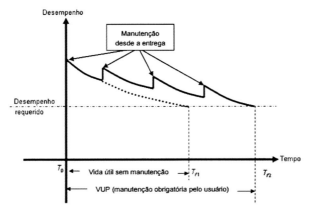

FONTE – NBR 15575-1

As edificações são produtos projetados e construídos para atender seus usuários durante muitos anos. Essa característica as diferencia dos demais produtos produzidos em grande escala. Ao longo do tempo de utilização, as edificações devem se manter adequadas ao uso a que se destinam, atendendo os requisitos mínimos de desempenho. Assim, os procedimentos de manutenção preventiva regular e programados são essenciais para a conservação da edificação, evitando o surgimento de problemas devido ao desgaste e ao uso indevido de alguns componentes da edificação.

A questão das manutenções é fundamental e para isso ser possível deve ser elaborado um plano de manutenção, que deve conter os tipos de manutenções a serem realizados, os responsáveis pela manutenção, itens que requerem manutenção especial, frequência das manutenções e um programa de inspeção. Esse plano possui importantes funções, como servir de instrumento de apoio jurídico às construtoras em caso de ocorrência de manifestações patológicas causadas pela ausência ou realização incorreta das atividades de manutenção, possibilitar melhor planejamento e orçamento das atividades a serem realizadas pelos usuários e responsáveis pela administração do edifício ao longo de sua vida útil, entre outras.

A NBR 5674[7] define os três tipos de pessoas ou organização indicadas para executar as manutenções previstas no planejamento:

- Empresa capacitada: pessoa física ou organização que tenha a responsabilidade de um profissional habilitado.

- Empresa especializada: profissional liberal ou organização que tenha qualificação, conhecimento e competência técnica específica.

- Equipe de manutenção local: pessoas que tenham recebido orientação para realizar diversos serviços e possuam noção sobre prevenção de acidentes no trabalho.

Além dos programas e documentos obrigatórios, também é recomendável que a construtora apresente em seu manual um modelo de ficha de registro das manutenções feitas com descrição da atividade e qual documento comprova, assim como uma lista dos registros necessários para cada sistema. A construtora deve apresentar instruções para auxiliar o condomínio e proprietários na aplicação completa do sistema de manutenção.

---

[7] ASSOCIAÇÃO BRASILEIRA DE NORMAS TÉCNICAS. **NBR 5674: Manutenção de edificações** – Requisitos para o sistema de gestão de manutenção. Rio de Janeiro, 2024.

1.8 PRAZOS DE RESPONSABILIDADE

É importante esclarecer a distinção entre termos que normalmente causam dúvidas em contratos e ao usuário da edificação. O prazo de garantia legal é o período previsto por lei em que o comprador pode reclamar de vícios ou defeitos encontrados no produto (edificação). O prazo de garantia contratual é o período de tempo igual ou maior que o prazo de garantia legal, que é oferecido de forma voluntária pelo fornecedor do produto, sendo expresso no Termo de Garantia. Esses conceitos costumam ser confundidos com a vida útil de projeto, que é o período estimado, em fase de projeto, da durabilidade da edificação.

O art. 618 do Código Civil[8] esclarece que permanece sobre o construtor da obra, durante cinco anos, a responsabilidade sobre a solidez e segurança da edificação. Porém, o parágrafo único desse artigo acrescenta que o usuário ou dono da obra (prejudicado) tem o prazo de 180 dias para reclamar e reivindicar seus direitos sobre o aparecimento do vício ou defeito.

De fato, antes da publicação da norma de desempenho, diversas jurisprudências consideravam como prazo geral de garantia na construção civil os cinco anos do Código Civil. Entretanto, o Anexo D da NBR 15575-1 apresenta uma tabela com diferentes prazos de garantia, especificados para cada componente da edificação. Apesar deste anexo ser informativo, foi criada a NBR 17170[9] que regulamentou a temática dos prazos recomendados e diretrizes para garantias em edificações e foi incluída no Anexo D na versão 2024 da Parte 1.

É importante ressaltar que vício e defeito, para o Código Civil, são vistos como a mesma coisa. De acordo com as interpretações mais recentes, os vícios referentes à solidez e segurança não se limitam somente à estabilidade ou risco de ruída da obra ou edificação, mas também à sua habitabilidade, abrangendo riscos de incêndio, vazamento de gases, umidade grave, entre outros problemas que afetem a segurança da habitação[10].

Um documento fundamental para dirimir essas dúvidas é o Manual de uso, operação e manutenção das edificações, que tem por função o

---

[8] BRASIL. **Código civil**. Brasília: Câmara dos Deputados, 2002.

[9] ASSOCIAÇÃO BRASILEIRA DE NORMAS TÉCNICAS. **NBR 17170: Edificações - Garantias - Prazos recomendados e diretrizes**. Rio de Janeiro, 2022.

[10] DEL MAR, C. P. **Direito na construção civil**. São Paulo: Pini, 2015.

aumento da vida útil do imóvel e o acompanhamento do desempenho da edificação.

Para a elaboração do manual de forma completa e efetiva são necessárias diversas informações sobre os sistemas projetados e os materiais usados na construção, sendo responsabilidade dos projetistas disporem todas as informações e especificações necessárias ao construtor ou incorporador e ao usuário.

O manual, de acordo com a NBR 14037, deve "informar os prazos de garantias, apresentar sugestão para o sistema de gestão de manutenção, informar como será realizado o atendimento ao cliente e prestar o serviço de assistência técnica aos usuários e síndicos de edificações"[11]. Sendo assim, o manual é o documento que demonstra para o usuário a aplicação da norma de desempenho, que deve conter, no mínimo:

- Informações quanto às características técnicas da edificação como construída.

- Descrições sobre os procedimentos para a conservação e manutenção da edificação, assim como a operação de equipamentos.

- Orientações, em forma didática, ao usuário e ao condomínio, sobre suas obrigações quanto às atividades de manutenção e às condições de utilização da edificação;

- Conter recomendações de prevenção de acidentes ou falhas decorrentes do uso inadequado dos sistemas da edificação.

- Recomendações para que a edificação atinja a VUP.

1.9 DIFICULDADES NA IMPLANTAÇÃO DA NORMA DE DESEMPENHO

Dentre as dificuldades encontradas para a aplicação da norma de desempenho[12], em relação ao mercado da construção civil no Brasil, destacam-se em relação à estrutura normativa brasileira:

---

[11] ASSOCIAÇÃO BRASILEIRA DE NORMAS TÉCNICAS. **NBR 14037: Diretrizes para elaboração de manuais de uso, operação e manutenção das edificações** – Requisitos para elaboração e apresentação dos conteúdos. Rio de Janeiro, 2024, p. 28.

[12] BORGES, C. A. M.; SABBATINI, F. H. **O conceito de desempenho de edificações e a sua importância para o setor da construção civil no Brasil.** Boletim Técnico da Escola Politécnica da USP, Departamento de Engenharia de Construção Civil, BT/PCC/515. São Paulo: UPUSP, 2008.

- Não há cultura de cumprimento de normas no Brasil e nem fiscalização que aplique punição para quem não respeitá-las.

- Muitas normas existentes são desconhecidas pelos profissionais e pelos usuários das edificações habitacionais.

- As diferenças de formatação das normas brasileiras, sendo algumas de alto nível com informações suficientes e de qualidade, outras desatualizadas e se contradizendo com outras normas ou no decorrer de seu próprio escopo.

- Apesar do fato das normas técnicas estarem associadas ao Código de Defesa do Consumidor, o mercado continua considerando que elas são apenas referências para a construção das edificações habitacionais.

- A maioria dos envolvidos com o processo de construção não participam do desenvolvimento das normatizações, principalmente o usuário dos imóveis.

Quanto às dificuldades do ambiente técnico do setor da construção, destacam-se:

- Empresas com tecnologia de ponta sendo utilizada apenas para obras de alto padrão, que possuem clientes mais exigentes. Já nos empreendimentos de interesse social, a maioria das normas não é cumprida e o valor investido em tecnologia é praticamente escasso.

- Não há um acervo técnico do país, permitindo acesso para todos, pois as empresas que investem em tecnologia não a compartilham com as demais concorrentes do mercado.

- Algumas empresas ainda consideram que edificações habitacionais de interesse social não se tornam viáveis se forem cumpridas as exigências normativas.

- Há muita diferença na qualidade dos materiais de construção, até pelo fato dos fornecedores não investirem no desempenho dos produtos como, por exemplo, na realização de testes ou até fornecedores que os realizam, mas não divulgam os resultados devido ao atendimento precário dos requisitos mínimos.

- Não há interesse dos profissionais em estudar o desempenho, pois avaliam como necessário apenas para obras de alto padrão.
- Poucos laboratórios no Brasil habilitados para a realização dos ensaios exigidos nas normas.
- Não há cultura de se pensar em desempenho em longo prazo e nem na manutenção, tanto corretiva quanto preventiva.

Em relação às dificuldades do ambiente regulatório do setor da construção, pode-se destacar que:

- A própria legislação não deixa clara a responsabilidade técnica das partes envolvidas na construção das edificações, sendo que a condenação dos culpados por não cumprir com o desempenho nas edificações dificilmente acontece e, por isso, as empresas agem de maneira irregular, sem cumprir as normas.
- Os processos judiciais brasileiros são muito lentos, demorando anos para ocorrer um julgamento, do qual, às vezes, os culpados saem imunes.
- Não existe um seguro-desempenho, pois as seguradoras alegam que as construções são imprevisíveis, gerando um valor muito alto para se realizar um seguro.
- Os órgãos de defesa do consumidor não possuem conhecimento teórico suficiente para proteger o usuário quanto ao desempenho e à qualidade do imóvel adquirido.

Apesar das dificuldades de implantação, a norma de desempenho é a melhor maneira de atender às exigências dos usuários e protegê-los. Além disso, é também um ótimo instrumento para garantir a melhoria da qualidade nas edificações habitacionais brasileiras, pois é mais econômico e inteligente para o país construir edificações com os requisitos de desempenho mínimo e que tenham vida útil definida.

2

LISTA DE VERIFICAÇÃO DA NORMA DE DESEMPENHO DE EDIFICAÇÕES

Marcelo Fabiano Costella
Karline Carubim

2.1 INTRODUÇÃO

Este capítulo apresenta a lista de verificação da norma de desempenho por partes da norma. Além disso, apresenta detalhadamente como a lista de verificação foi construída. Uma primeira versão da lista de verificação, até a parte 4 da norma, foi desenvolvida por Nicolas Souza[13], sob minha orientação, em 2015. O trabalho consistiu na elaboração e na aplicação de uma lista de verificação referente às partes de 1 a 4 da norma e suas categorias de desempenho. Para cada requisito foi considerado apenas um dos métodos de avaliação dentre os sugeridos pela norma, tendo como prioridade a análise de projeto, por ser um dos métodos de menor custo. Esse trabalho teve continuidade e a lista de verificação da Parte 1 a 6 foi concluída em 2016, a qual será denominada de Lista 1.

Em 2016, o Inovacon/CE[14] publicou uma lista de verificação para todas as partes da norma de desempenho (1 a 6), na qual são apresentados os requisitos e seus critérios de acordo com a norma, sendo que para cada critério são apontados os métodos de avaliação, os responsáveis e as comprovações necessárias. Essa lista de verificação adotou quatro métodos de avaliação: ensaio, inspeção, simulação e análise de projeto. Para os responsáveis, admitiu cinco partes, sendo estas: construtor, projetista de arquitetura, projetista de estrutura, projetista de instalações e

---

[13] SOUZA, Nícolas Staine de. **Verificação da implantação da norma de desempenho NBR 15575 em incorporadora de habitações de interesse social – Um estudo de caso.** 127f. 2015. TCC (Graduação em Engenharia Civil) – Unochapecó Universidade Comunitária da Região de Chapecó, Chapecó, 2015.

[14] INOVACON. Cooperativa da Construção Civil do Estado do Ceará. Sindicato da Indústria da Construção Civil do Ceará. **Análise dos Critérios de Atendimento à Norma de Desempenho ABNT NBR 15.575 – Estudo de caso em empresas do programa Inovacon – CE.** Ceará, maio de 2016. 76 p.

projetista específico. Já para o item de comprovações, foram abordados seis tipos de documentos, sendo estes: laudo sistêmico, laudo do fornecedor, relatório de inspeção, declaração em projeto, especificação técnica e solução descrita em projeto. Ainda, possui as colunas: atendimento, justificativa, comentários e observações. Essa lista de verificação será denominada de Lista 2.

Nosso trabalho continuou por meio da comparação das listas 1 e 2, para a confecção de uma lista de verificação definitiva, que é apresentada neste livro. Cabe ressaltar que, em relação ao método de avaliação, priorizou-se o método de avaliação de análise de projeto, por ser de mais fácil cumprimento por parte das empresas. O método de avaliação ensaio foi selecionado apenas em critérios em que a norma o apresentava como obrigatório, não podendo ser substituído por outro método.

A sistemática de apresentação do capítulo consiste na explicação do requisito por meio da análise das listas 1 e 2, recém-apresentadas, e a respectiva apresentação da lista de verificação para cada parte da norma de desempenho.

A lista de verificação foi organizada com os seguintes itens no cabeçalho (Figura 3): parte da norma, verificação, avaliação (método de avaliação), responsável e comprovação. Depois são apresentados para cada requisito do usuário e respectivos requisitos da norma.

FIGURA 3 – MODELO DE CABEÇALHO DA LISTA DE VERIFICAÇÃO

PARTE 1: REQUISITOS GERAIS			
Verificação	Avaliação	Responsável	Comprovação
8. Segurança contra incêndio			
8.2. Dificultar o princípio de incêndio			

FONTE – ELABORADO PELOS AUTORES

A **verificação** consiste no conteúdo descrito no critério, ou seja, são apresentados a numeração e o título a que se refere de acordo com a norma de desempenho e o que deve ser realizado para cumprir o critério, em alguns casos especificando as normas que devem ser atendidas ou os ensaios a serem realizados.

A **avaliação** apresenta o método de avaliação requerido, sendo dividido em três categorias: análise de projeto, ensaio e inspeção. A análise de projeto consiste na apresentação da informação solicitada no critério nos projetos e memoriais descritivos, de cálculo ou justificativos. O ensaio é necessário somente nos casos em que a norma não apresenta outra opção de método de avaliação. Já a inspeção consiste nas verificações realizadas em campo após a execução do serviço.

A coluna **responsável** designa qual o profissional ou interveniente que deve realizar o processo de comprovação do requisito. Foram considerados cinco responsáveis, sendo eles: projetista de arquitetura, projetista de estrutura, projetista específico, projetista de instalações e construtor.

O item **comprovação** se refere ao documento que deve ser apresentado para comprovar o cumprimento do requisito. Os meios de comprovação listados são: declaração em projeto (memoriais descritivos e de cálculo também são considerados projetos); aprovação do projeto em órgão competente (Corpo de Bombeiros, Prefeitura Municipal, Vigilância Sanitária etc.); laudo do fornecedor; relatório de inspeção; Manual de uso, operação e manutenção; laudo de ensaio; habite-se da obra e solução descrita em projeto (detalhamentos, especificações de materiais etc.).

2.2 PARTE 1: REQUISITOS GERAIS

7. Desempenho estrutural

Esta parte da norma não estabelece requisitos isolados de desempenho estrutural.

8. Segurança contra incêndio
Requisito 8.2 – Dificultar o princípio de incêndio

Critério 8.2.1.1: Proteção contra descargas atmosféricas

A Lista 2 comenta que os edifícios multifamiliares devem ser providos de sistema de proteção contra descargas atmosféricas (SPDA), de acordo com a NBR 5419. Como método de avaliação é indicada uma inspeção no local, que deve ser feita pelo construtor e comprovada por meio de um relatório de inspeção, e uma análise de projeto para obter uma declaração de atendimento à norma, feita pelo projetista de instalação no memorial descritivo do projeto de instalação elétrica.

Para o mesmo critério, a Lista 1 sugere uma análise de projeto referente à aprovação do projeto SPDA no órgão competente. Ainda, comenta que o memorial descritivo deve ser desenvolvido de acordo com a NBR 5410[15] e demais normas referentes a projetos elétricos.

Aqui será considerada a opinião de Lista 1, utilizando como método de avaliação a análise de projeto, de responsabilidade do projetista de instalação, e comprovada por memorial descritivo/de cálculo; e, ainda, solicita-se seguir as premissas estipuladas na NBR 5419[16].

Critério 8.2.1.2: Proteção contra risco de ignição nas instalações elétricas

A Lista 2 sugere que as instalações elétricas das edificações devem ser projetadas de acordo com a NBR 5410 para a proteção contra o risco de ignição nas instalações elétricas. Os métodos de avaliação, responsáveis e comprovações são os mesmos indicados para o critério 8.2.1.1.

Já a Lista 1 indica o método de avaliação análise de projeto, sendo que o memorial descritivo elétrico deve estar de acordo com a NBR 5410[17] e demais normas referentes a projetos elétricos. Ainda, sugere evitar risco de ignição dos materiais em função de curtos-circuitos e sobretensões, não manter materiais inflamáveis no interior da edificação e utilizar componentes autoextinguíveis.

Para este livro será considerada a opinião da Lista 1, sendo o método de avaliação indicado a análise de projeto, de responsabilidade do projetista de instalação, comprovada por declaração em projeto.

Critério 8.2.1.3: Proteção contra risco de vazamentos nas instalações de gás

A Lista 2 sugere que as instalações de gás devem ser projetadas e executadas de acordo com a NBR 13523[18] e NBR 15526[19]. Para avaliação são indicados os mesmos métodos, responsáveis e comprovações indicadas para o critério 8.2.1.1.

---

[15] ASSOCIAÇÃO BRASILEIRA DE NORMAS TÉCNICAS. **NBR 5410: Instalações elétricas de baixa tensão.** Rio de Janeiro, 2008.

[16] ASSOCIAÇÃO BRASILEIRA DE NORMASTÉCNICAS. **NBR 5419: Proteção contra descargas atmosféricas.** Rio de Janeiro, 2018.

[17] ASSOCIAÇÃO BRASILEIRA DE NORMAS TÉCNICAS. **NBR 5410: Instalações elétricas de baixa tensão.** Rio de Janeiro, 2008.

[18] ASSOCIAÇÃO BRASILEIRA DE NORMAS TÉCNICAS. **NBR 13523: Central de gás liquefeito de petróleo – GLP.** Rio de Janeiro, 2019.

[19] ASSOCIAÇÃO BRASILEIRA DE NORMAS TÉCNICAS. **NBR 15526: Redes de distribuição interna para gases combustíveis em instalações residenciais e comerciais** – Projeto e execução. Rio de Janeiro, 2016.

Porém, a Lista 1 indica a necessidade de aprovação do projeto de instalação de gás no órgão competente, considerando como método de avaliação a análise de projeto.

Para este livro será considerada a opinião da Lista 1, sendo o método de avaliação a análise de projeto, de responsabilidade do projetista de instalação, comprovada por meio da aprovação dele no órgão competente.

Requisito 8.3 – Facilitar a fuga em situação de incêndio

Critério 8.3.1: Rotas de fuga

A Lista 2 sugere que as rotas de saída de emergência dos edifícios devem atender ao disposto na NBR 9077[20]. Como método de avaliação é indicada uma inspeção no local, que deve ser feita pelo construtor e comprovada por meio de um relatório de inspeção, e uma análise de projeto, para se obter uma declaração de atendimento à norma, feita pelo projetista de instalação no memorial descritivo de prevenção contra incêndio e, ainda, uma solução descrita em projeto, realizada pelo projetista de arquitetura.

Porém, a Lista 1 indica a necessidade de aprovação do projeto de rota de fuga no órgão competente, considerando como método de avaliação a análise de projeto.

Para este livro será considerada a Lista 1 e como método de avaliação a análise de projeto, de responsabilidade do projetista de instalação, comprovada por meio da aprovação da rota de fuga no órgão competente.

Requisito 8.5 – Dificultar a propagação do incêndio

Critério 8.5.1.1: Isolamento de risco à distância

A Lista 2 sugere que a distância entre edifícios deve atender à condição de isolamento, considerando-se todas as interferências previstas na legislação vigente. Como método de avaliação é indicada uma análise de projeto, a ser realizada pelo projetista de arquitetura e comprovada por meio de uma solução descrita em projeto.

Para o mesmo critério, a Lista 1 sugere uma análise de projeto, que deve prover de isolamento de risco a distância, conforme recuos e afastamentos previstos no plano diretor e código de obras do município.

---

[20] ASSOCIAÇÃO BRASILEIRA DE NORMAS TÉCNICAS. **NBR 9077: Saídas de emergência em edifícios.** Rio de Janeiro, 2001.

Para este livro será considerada a opinião da Lista 1, sendo utilizada como método de avaliação a análise de projeto, de responsabilidade do projetista de arquitetura, comprovada por meio de declaração em projeto, sendo essa a aprovação do projeto no órgão competente.

Critério 8.5.1.2: Isolamento de risco por proteção

A Lista 2 sugere que as medidas de proteção, incluindo, no sistema construtivo, o uso de portas corta-fogo, possibilitem que o edifício seja considerado uma unidade independente. Como método de avaliação é indicada uma análise de projeto, a ser realizada pelo projetista de instalações, comprovada por meio de uma solução descrita em projeto.

Para o mesmo critério, a Lista 1 sugere uma análise de projeto, que deve prover de isolamento de risco por proteção, de forma que a edificação seja uma unidade independente. Para tanto, o projeto do sistema de saída de emergência e compartimentação deve ter aprovação no órgão competente.

Para este livro será considerada a opinião da Lista 1, utilizando como método de avaliação a análise de projeto, de responsabilidade do projetista de instalações, comprovada por declaração em projeto.

Critério 8.5.1.3: Assegurar estanqueidade e isolamento

A Lista 2 sugere que os sistemas ou elementos de compartimentação que integram a edificação habitacional atendam à NBR 14432[21] e às demais partes da norma de desempenho para minimizar a propagação do incêndio, assegurando a estanqueidade e o isolamento. Os métodos de avaliação, responsáveis e comprovações são os mesmos indicados para o critério 8.5.1.2.

Para o mesmo critério, a Lista 1 sugere a mesma análise de projeto, com a aprovação do projeto de sistema de saída de emergência no órgão competente.

Para este livro será considerada a opinião da Lista 1, utilizando como método de avaliação a análise de projeto, de responsabilidade do projetista de instalações, comprovada por meio de declaração em projeto/ memorial descritivo.

---

[21] ASSOCIAÇÃO BRASILEIRA DE NORMAS TÉCNICAS. **NBR 14432: Exigências de resistência ao fogo de elementos construtivos de edificações** – Procedimento. Rio de Janeiro, 2001.

Requisito 8.6 – Segurança estrutural em situação de incêndio

Critério 8.6.1: Minimizar o risco de colapso estrutural

A Lista 2 indica que o risco de colapso estrutural deve ser minimizado de acordo com a NBR 14432. Como método de avaliação é indicada uma análise de projeto, a ser realizada pelo projetista específico da estrutura e comprovada por meio de declaração em projeto.

Para o mesmo critério, a Lista 1 sugere uma análise de projeto estrutural em situação de incêndio. Ainda, cita como necessário o atendimento à NBR 14432[22] e às normas específicas para a tipologia de cada obra, sendo essas a NBR 14323[23] para estruturas de aço; a NBR 15200[24] para estruturas de concreto e o Eurocode para as demais tipologias.

Para este livro será considerada a opinião da Lista 1, utilizando como método de avaliação a análise de projeto, de responsabilidade do projetista de estrutura, comprovada por declaração em projeto.

Requisito 8.7 – Sistema de extinção e sinalização de incêndio

Critério 8.7.1: Equipamentos de extinção, sinalização e iluminação de emergência

A Lista 2 sugere que o edifício habitacional multifamiliar deve dispor de sistemas de alarme, extinção, sinalização e iluminação de emergência conforme as normas ABNT pertinentes. Como método de avaliação é indicada uma análise de projeto, a ser realizada pelo projetista de instalações e comprovada por meio de declaração em projeto, e também uma inspeção no local, de responsabilidade do construtor, seguida de um relatório de inspeção.

Para o mesmo critério, a Lista 1 sugere a aprovação dos projetos de alarme, extinção (extintores e hidrantes), sinalização e iluminação de emergência no órgão competente.

Para este livro será considerada a opinião da Lista 1, utilizando como método de avaliação uma análise de projeto, de responsabilidade do projetista de instalação, comprovada por meio de declaração em projeto e aprovação do projeto no órgão competente.

---

[22] *Idem.*

[23] ASSOCIAÇÃO BRASILEIRA DE NORMAS TÉCNICAS. **NBR 14323: Projeto de estruturas de aço e de estruturas mistas de aço e concreto de edifícios em situação de incêndio.** Rio de Janeiro, 2013.

[24] ASSOCIAÇÃO BRASILEIRA DE NORMAS TÉCNICAS. **NBR 15200: Projeto de estruturas de concreto em situação de incêndio.** Rio de Janeiro, 2016.

PARTE 1: REQUISITOS GERAIS			
Verificação	**Avaliação**	**Responsável**	**Comprovação**
8. Segurança contra incêndio			
8.2. Dificultar o princípio de incêndio			
8.2.1.1: Proteção contra descargas atmosféricas Aprovação do projeto SPDA nos bombeiros. O memorial descritivo deve ser desenvolvido de acordo com a NBR 5410 e demais normas referentes a projetos elétricos. Seguir as premissas estipuladas na NBR 5419.	Análise de projeto	Projetista de instalações	Declaração em projeto/ aprovação do SPDA nos bombeiros
8.2.1.2: Proteção contra risco de ignição nas instalações elétricas O memorial descritivo elétrico deve estar de acordo com a NBR 5410 e demais normas referentes a projetos elétricos, evitar risco de ignição dos materiais em função de curtos-circuitos e sobretensões. Não manter materiais inflamáveis no interior da edificação, utilizar componentes autoextinguíveis.	Análise de projeto	Projetista de instalações	Declaração em projeto
8.2.1.3: Proteção contra risco de vazamentos nas instalações de gás Aprovação do projeto de instalação de gás nos bombeiros.	Análise de projeto	Projetista de instalações	Declaração em projeto/ aprovação do projeto nos bombeiros
8.3. Facilitar a fuga em situação de incêndio			
8.3.1: Rotas de fuga Aprovação do projeto de rota de fuga nos bombeiro.	Análise de projeto	Projetista de instalações	Declaração em projeto/ aprovação do projeto nos bombeiros

PARTE 1: REQUISITOS GERAIS			
Verificação	**Avaliação**	**Responsável**	**Comprovação**
8.5. Dificultar a propagação de incêndio			
8.5.1.1: Isolamento de risco à distância O projeto deve prover de isolamento de risco à distância, conforme recuos e afastamentos entre edificações, previstos nas Instruções Normativas ou normas vigentes.	Análise de projeto	Projetista de arquitetura	Declaração em projeto/ aprovação do projeto nos bombeiros
8.5.1.2: Isolamento de risco por proteção O projeto deve prover de isolamento de risco por proteção, de forma que a edificação seja uma unidade independente. Para tanto, o projeto do sistema de saída de emergência e compartimentação deve ter aprovação dos bombeiros.	Análise de projeto	Projetista de instalações	Declaração em projeto
8.5.1.3: Assegurar estanqueidade e isolamento Os sistemas e elementos de compartimentação devem atender à NBR 14432 e aos requisitos de segurança ao incêndio na NBR 15575 e, ainda, a aprovação do projeto de sistema de saída de emergência nos bombeiros.	Análise de projeto	Projetista de instalações	Declaração em projeto/ aprovação do projeto nos bombeiros
8.6. Segurança estrutural em situação de incêndio			
8.6.1: Minimizar o risco de colapso estrutural Análise do projeto estrutural, verificando a diminuição de resistência da estrutura em situação de incêndio. Deve atender à NBR 14432 e às normas específicas para a tipologia de cada obra, sendo estas: NBR 14323 – para estruturas de aço;	Análise de projeto	Projetista de estrutura	Declaração em projeto

PARTE 1: REQUISITOS GERAIS			
Verificação	Avaliação	Responsável	Comprovação
NBR 15200 – para estruturas de concreto; Eurocode – para as demais tipologias.	Análise de projeto	Projetista de estrutura	Declaração em projeto
8.7. Sistema de extinção e sinalização de incêndio			
8.7.1: Equipamentos de extinção, sinalização e iluminação de emergência. Aprovação dos projetos de alarme, extinção (extintores e hidrantes), sinalização e iluminação de emergência nos bombeiros.	Análise de projeto	Projetista de instalações	Declaração em projeto/ aprovação do projeto nos bombeiros

9. Segurança no uso e na operação
Requisito 9.2 – Segurança na utilização do imóvel

Critério 9.2.1: Segurança na utilização dos sistemas

A Lista 2 sugere que os sistemas não devem apresentar rupturas, instabilidades, tombamentos ou quedas que coloquem em risco a integridade física dos ocupantes nas imediações do imóvel; partes expostas cortantes ou perfurantes; e deformações e defeitos acima dos limites estabelecidos na NBR 15575-2 e na NBR 15575-6. Como método de avaliação é indicada uma inspeção no local, que deve ser feita pelo construtor e comprovada por meio de um laudo do fornecedor, e uma análise de projeto, realizada pelos projetistas de arquitetura, específico e de instalações, sendo eles os responsáveis por elaborar, respectivamente, uma solução descrita em projeto e uma declaração em projeto.

Para o mesmo critério, a Lista 1 sugere uma análise de projeto, considerando a segurança dos usuários sobre os sistemas, elementos e componentes a serem utilizados. Também indica adotar algumas premissas de projeto para minimizar o risco de:

- Queda de pessoas em altura: telhados, áticos, lajes de cobertura e quaisquer partes elevadas da construção.

- Acessos não controlados aos riscos de quedas.

- Queda de pessoas em função de rupturas das proteções.

- Queda de pessoas em função de irregularidades nos pisos, rampas e escadas.

- Ferimentos provocados por ruptura de subsistemas ou componentes, resultando em partes cortantes ou perfurantes.

- Ferimentos ou contusões em função da operação das partes móveis de componentes como janelas, portas, alçapões e outros.

- Ferimentos ou contusões em função da dessolidarização ou da projeção de materiais ou componentes a partir das coberturas e das fachadas, tanques de lavar, pias e lavatórios, com ou sem pedestal, e de componentes ou equipamentos normalmente fixáveis em paredes.

- Ferimentos ou contusões em função de explosão resultante de vazamento ou de confinamento de gás combustível.

Por fim, a Lista 1 indica uma inspeção em campo, devendo ser realizada vistoria de pré-ocupação do imóvel, verificando-se os sistemas que compõe a edificação.

Para este livro serão unidas as opiniões das listas 1 e 2, utilizando como método de avaliação uma inspeção, de responsabilidade do construtor, comprovada por meio de relatório de inspeção, e também uma análise de projeto, de responsabilidade do projetista de arquitetura, por meio de declaração em projeto.

Requisito 9.3 – Segurança nas instalações

Critério 9.3.1: Segurança na utilização das instalações

A Lista 2 comenta que a edificação habitacional deve atender aos requisitos das normas específicas. Como método de avaliação é indicada uma inspeção no local, que deve ser feita pelo construtor e comprovada por meio de um laudo sistêmico e uma análise de projeto, realizada pelo projetista de instalação e comprovada mediante uma declaração em projeto.

Para o mesmo critério, a Lista 1 sugere uma análise de projeto, considerando que os projetos das instalações elétricas, hidráulicas e SPDA devem estar dispostos conforme as normas vigentes.

Para este livro será considerada a opinião da Lista 1, utilizando como método de avaliação a análise de projeto, de responsabilidade dos projetistas de instalações, comprovada por meio de aprovação dos projetos hidrossanitário e SPDA nos órgãos competentes, sendo que não serão consideradas as instalações elétricas, por não serem aprovadas em órgão competente.

PARTE 1: REQUISITOS GERAIS			
Verificação	Avaliação	Responsável	Comprovação
9. Segurança no uso e na ocupação			
9.2. Segurança na utilização do imóvel			
9.2.1: Segurança na utilização dos sistemas Deve-se levar em conta a segurança dos usuários sobre os sistemas, elementos e componentes a serem utilizados, adotando algumas premissas de projeto que estão descritas no item 9.2.3 da NBR 15575-1, sendo essas premissas adotadas para minimizar os riscos de: a) queda de pessoas em altura: telhados, áticos, lajes de cobertura e quaisquer partes elevadas da construção; b) acessos não controlados aos riscos de quedas; c) queda de pessoas em função de rupturas das proteções; d) queda de pessoas em função de irregularidades nos pisos, rampas e escadas;	Análise de projeto	Projetista de arquitetura	Declaração em projeto
e) ferimentos provocados por ruptura de subsistemas ou componentes, resultando em partes cortantes ou perfurantes; f) ferimentos ou contusões em função da operação das partes móveis de componentes, como janelas, portas, alçapões e outros;	Inspeção	Construtor	Relatório de inspeção

PARTE 1: REQUISITOS GERAIS			
Verificação	**Avaliação**	**Responsável**	**Comprovação**
g) ferimentos ou contusões em função da dessolidarização ou da projeção de materiais ou componentes a partir das coberturas e das fachadas, tanques de lavar, pias e lavatórios, com ou sem pedestal, e de componentes ou equipamentos normalmente fixáveis em paredes; h) ferimentos ou contusões em função de explosão resultante de vazamento ou de confinamento de gás combustível. Deve-se realizar a indicação de meios de minimização dos riscos à segurança do usuário e comprovar esses sistemas, elementos e componentes utilizados, por meio de inspeção.	Inspeção	Construtor	Relatório de inspeção
9.3. Segurança das instalações			
9.3.1: Segurança na utilização das instalações Os projetos das instalações hidráulicas e SPDA devem estar dispostos conforme as normas vigentes.	Análise de projeto	Projetista de instalações	Aprovação dos projetos nos órgãos competentes

10. Estanqueidade

Requisito 10.3 – Estanqueidade a fontes de umidade internas à edificação

Critério 10.3.1: Estanqueidade à água utilizada na operação e manutenção do imóvel

Segundo a Lista 2, devem ser previstos no projeto detalhes que assegurem a estanqueidade de partes do edifício que tenham a possibilidade de entrar em contato com a água gerada na ocupação ou manutenção do imóvel, verificando a adequação das vinculações entre instalações de água, esgotos ou águas pluviais e estrutura, pisos e paredes, de forma que as tubulações não sejam rompidas ou desencaixadas por deformações impostas. Como método de avaliação é indicado um ensaio no local, de responsabilidade do construtor, sendo necessário um laudo sistêmico para comprovação. Também relata que é necessária uma análise de projeto por parte do projetista específico, que deve elaborar uma declaração em projeto como comprovação, e também uma solução descrita em projeto, de responsabilidade do projetista de arquitetura.

Para o mesmo critério, a Lista 1 sugere uma análise de projeto, sendo que essa análise deve avaliar se constam em projeto detalhes de impermeabilização que assegurem a estanqueidade à água utilizada no uso, na operação e na manutenção do imóvel das áreas molhadas.

Para este livro será considerada a opinião da Lista 1, utilizando como método de avaliação a análise de projeto, de responsabilidade do projetista específico, comprovada por meios de declaração em projeto/memorial descritivo (projeto de impermeabilização).

PARTE 1: REQUISITOS GERAIS			
Verificação	Avaliação	Responsável	Comprovação
10. Estanqueidade			
10.3. Estanqueidade a fontes de umidade internas à edificação			
10.3.1: Estanqueidade à água utilizada na operação e manutenção do imóvel Avaliar se constam em projeto detalhes de impermeabilização que assegurem a estanqueidade à água utilizada no uso, na operação e na manutenção do imóvel das áreas molhadas.	Análise de projeto	Projetista específico	Declaração em projeto (projeto de impermeabilização)

11. Desempenho térmico

Os requisitos 11.3 e 11.4 referem-se ao desempenho térmico geral satisfatório da edificação, considerado atendido quando do cumprimento dos requisitos e critérios das partes 3 e 4 da norma.

12. Desempenho acústico

Os requisitos de 12.1 a 12.4 referem-se ao desempenho acústico geral satisfatório da edificação, considerado atendido quando do cumprimento dos requisitos e critérios das partes 3, 4 e 5 da norma.

13. Desempenho lumínico
Requisito 13.2 – Iluminação natural

Critério 13.2.1: Simulação: níveis mínimos de iluminância natural

A Lista 2 comenta que, contando unicamente com a iluminação natural, os níveis gerais de iluminância nas diferentes dependências da edificação devem atender ao disposto na Tabela 4 desse item da NBR 15575-1. Como método de avaliação é indicada uma simulação, de responsabilidade do projetista de arquitetura, sendo necessária uma solução descrita em projeto para comprovação.

Para o mesmo critério, a Lista 1 sugere uma análise de projeto, considerando o nível de iluminância natural (lux) dos ambientes, sala de estar, dormitórios, cozinha e área de serviço, sendo que o cálculo desses valores deve ser realizado para todas as unidades habitacionais com orientações solares diferentes. Os níveis de iluminância devem estar de acordo com a Tabela 4 desse item da NBR 15575-1 e para o cálculo deve ser utilizado o algoritmo da NBR 15215-3[25].

Para esse critério será considerada a opinião da Lista 1, sendo utilizada como método de avaliação a análise de projeto, de responsabilidade do projetista de arquitetura, comprovada por meio de declaração em projeto.

Critério 13.2.3: Medição in loco: fator de luz diurna (FLD)

De acordo com Lista 2, o FLD, contando apenas com a luz natural, nas diferentes dependências da construção habitacional, deve atender a Tabela 5 desse item da NBR 15575-1. Como método de avaliação é indicado um ensaio, de responsabilidade do construtor, sendo necessário um laudo sistêmico para comprovação.

A Lista 1 sugere como método de avaliação uma inspeção em campo, que deve medir o fator de luz diurna para os mesmos ambientes citados no critério 13.2.1, em que os valores mínimos para o FLD devem estar de acordo com a Tabela 5 desse item e devem ser calculados pela equação e condições apresentadas em 13.2.4, dessa parte da norma. Para a inspeção em campo deve-se utilizar um luxímetro para medir os níveis de iluminância.

Para este livro será considerada a Lista 1, utilizando como método de avaliação uma inspeção, de responsabilidade do construtor, comprovada por relatório de inspeção. Entretanto, se o requisito 13.2.1 for atendido, não é necessário realizar a medição in loco do FLD.

---

[25] ASSOCIAÇÃO BRASILEIRA DE NORMAS TÉCNICAS. **NBR 15215-3: Procedimento de cálculo para a determinação da iluminação natural em ambientes internos.** Rio de Janeiro, 2005.

Requisito 13.3 – Iluminação artificial

Critério 13.3.1: Níveis mínimos de iluminação artificial

Segundo a Lista 2, os níveis gerais de iluminação artificial promovido nas diferentes dependências dos edifícios habitacionais devem atender à Tabela 6 desse item da NBR 15575-1. Como método de avaliação é sugerida uma inspeção, de responsabilidade do construtor, sendo necessário um relatório de inspeção para comprovação. Indica-se, também, a necessidade de uma análise de projeto, realizada pelo projetista de instalação e comprovada mediante declaração em projeto.

A Lista 1 indica como método de avaliação a análise de projeto, que deve garantir o nível de iluminância artificial (lux) indicado na Tabela 6 desse item da NBR 15575-1, para todos os ambientes no interior do apartamento, inclusive circulações, e também da área comum do edifício e escadarias. O desenvolvimento do cálculo deve seguir as disposições do Anexo B da NBR 15575-1.

Para este livro será considerada a opinião de Lista 1, utilizando como método de avaliação a análise de projeto, de responsabilidade do projetista de instalação e comprovada por declaração em projeto.

PARTE 1: REQUISITOS GERAIS			
Verificação	**Avaliação**	**Responsável**	**Comprovação**
13. Desempenho lumínico			
13.2. Iluminação natural			
13.2.1: Simulação: níveis mínimos de iluminância natural O nível de iluminância natural (lux) dos ambientes: sala de estar, dormitórios, cozinha e área de serviço, sendo que o cálculo desses valores deve ser realizado para todas as unidades habitacionais com orientações solares diferentes. Os níveis de iluminância devem estar de acordo com a Tabela 4 do item 13.2.1 e para os cálculos deve ser utilizado o algoritmo da NBR 15215-3, com as condições do item 13.2.2 da NBR 15575-1.	Análise de projeto	Projetista de arquitetura	Declaração em projeto

PARTE 1: REQUISITOS GERAIS			
Verificação	Avaliação	Responsável	Comprovação
13.2.3: Medição in loco: fator de luz diurna (FLD) Medir o fator de luz diurna para os mesmos ambientes citados no critério 13.2.1, em que os valores mínimos para o FLD devem estar de acordo com a Tabela 5 do item 13.2.3 e deve ser calculado pela equação e condições apresentadas em 13.2.4, dessa parte da norma. Para a inspeção em campo deve-se utilizar luxímetro para medir os níveis de iluminância. Se o requisito 13.2.1 for atendido, não é necessário realizar a medição in loco do FLD.	Inspeção	Construtor	Relatório de inspeção
13.3. Iluminação artificial			
13.3.1: Níveis mínimos de iluminação artificial Garantir o nível de iluminância artificial (lux) indicado na Tabela 6 da NBR 15575-1, para todos os ambientes no interior do apartamento, inclusive circulações, e também da área comum do edifício e escadarias, especificando o tipo de lâmpada a ser utilizada, para garantir o nível mínimo. O cálculo deve ser realizado com as metodologias da NBR 5382. O desenvolvimento do cálculo deve seguir as disposições do Anexo B da NBR 15575-1.	Análise de projeto	Projetista de instalação	Declaração em projeto

14. Durabilidade e manutenibilidade

Requisito 14.2 – Vida útil de projeto do edifício e dos sistemas que o compõem

Critério 14.2.1: Vida útil de projeto

De acordo com a Lista 2, o projeto deve especificar o valor teórico para vida útil de projeto (VUP) para cada um dos sistemas que o compõem, não sendo inferiores aos propostos na Tabela 7 desse item da NBR 15575-1. Os sistemas devem ter durabilidade potencial compatível com a VUP. Caso a VUP não esteja declarada em projeto, considera-se o valor mínimo como garantido. Como método de avaliação é indicada uma análise de projeto, de responsabilidade conjunta entre construtor e projetistas (arquitetônico, específico e de instalações), sendo que a comprovação de desempenho se dá por declaração em projeto.

Para o mesmo critério, a Lista 1 sugere uma análise de projeto, inspeções ou ensaios, levando em conta a VUP mínima sugerida na Tabela 7 desse item da norma. Ainda, cita que os sistemas do edifício devem ser adequadamente detalhados e especificados em projeto, de modo a facilitar a avaliação da VUP, sendo que esta pode ser substituída pela garantia de desempenho fornecida por uma companhia de seguros. Para todas as avaliações deve ser utilizada a metodologia proposta pelo Anexo C da NBR 15575-1.

Para este livro será considerada a opinião da Lista 2. Caso não haja declaração de vida útil de projeto, o requisito será considerado como não conforme.

Critério 14.2.3: Durabilidade

Para a Lista 2, o edifício e seus sistemas devem apresentar durabilidade compatível com a VUP indicada nessa norma. Como método de avaliação sugere-se um ensaio, realizado pelo construtor, sendo de responsabilidade do setor de compras da construtora, comprovado por meio de laudo do fornecedor. Como método de avaliação é sugerida uma análise de projeto, de responsabilidade dos projetistas de arquitetura, estrutura e instalações, comprovada por meio de uma solução descrita em projeto.

Para o mesmo critério, a Lista 1 sugere uma análise de projeto, tendo como premissa de projeto as especificações em projeto das condições de exposição do edifício, a fim de possibilitar uma análise de vida útil de projeto e a durabilidade do edifício e seus sistemas.

Nesse livro será adotada a opinião da Lista 1 e como método de avaliação a análise de projeto, de responsabilidade dos projetistas de cada projeto (arquitetura, estrutura, instalações e específico), comprovada por meio de declaração em projeto/memorial descritivo.

Requisito 14.3 – Manutenibilidade

Critério 14.3.2: Facilidade ou meios de acesso

A Lista 2 cita que os projetos devem ser desenvolvidos de forma que o edifício e os sistemas projetados tenham o favorecimento das condições de acesso para inspeção predial mediante a instalação de suportes para fixação de andaimes, balancins ou outro meio para realização da manutenção. Como método de avaliação é indicada uma análise de projeto, realizada pelos projetistas de arquitetura, estrutura e de instalações e construtor, e comprovada por meio de uma solução descrita em projeto, sendo que as especificações devem constar também no manual do usuário.

Para o mesmo critério, a Lista 1 sugere uma análise de projeto, considerando que o edifício tenha instalação de suportes para fixação de andaimes, balancins ou outro meio utilizado para manutenção, a fim de facilitar a inspeção predial. O autor ainda comenta a necessidade de a construtora ou incorporadora fornecer o Manual de uso, operação e manutenção, atendendo às normas NBR 14037[26] e NBR 5674[27].

Para este livro será considerada a opinião da Lista 1, utilizando como método de avaliação uma análise de projetos, de responsabilidade do projetista de arquitetura, estrutura e de instalações, comprovada por meio do detalhamento em projeto, das instalações dos suportes para fixação dos meios de acesso à manutenção, e fornecimento do Manual de uso, operação e manutenção, sendo este de responsabilidade do construtor/incorporador.

---

[26] ASSOCIAÇÃO BRASILEIRA DE NORMAS TÉCNICAS. **NBR 14037: Diretrizes para elaboração de manuais de uso, operação e manutenção das edificações** – Requisitos para elaboração e apresentação dos conteúdos. Rio de Janeiro, 2024.

[27] ASSOCIAÇÃO BRASILEIRA DE NORMAS TÉCNICAS. **NBR 5674: Manutenção de edificações** – Requisitos para o sistema de gestão de manutenção. Rio de Janeiro, 2024.

PARTE 1: REQUISITOS GERAIS			
Verificação	Avaliação	Responsável	Comprovação
14. Durabilidade e manutenibilidade			
14.2. Vida útil de projeto do edifício e dos sistemas que o compõem			
14.2.1: Vida útil de projeto O projeto deve especificar o valor teórico para vida útil de projeto (VUP) para cada um dos sistemas que o compõem, não sendo inferiores aos propostos na Tabela 7 da NBR 15575-1, mais especificamente no Anexo C da parte 1 da norma. Os sistemas devem ter durabilidade potencial compatível com a VUP. Os sistemas do edifício devem ser adequadamente detalhados e especificados em projeto, de modo a facilitar a avaliação da VUP, sendo que esta pode ser substituída pela garantia de desempenho fornecida por uma companhia de seguros.	Análise de projeto	Projetista de arquitetura, estrutura, instalações, específico e construtor	Declaração em projeto
14.2.3: Durabilidade Especificações em projeto das condições de exposição do edifício, a fim de possibilitar uma análise de vida útil de projeto e a durabilidade do edifício e seus sistemas.	Análise de projeto	Projetista de arquitetura, estrutura, instalações, específico e construtor	Declaração em projeto
14.3. Manutenibilidade			
14.3.2: Facilidade ou meios de acesso O edifício deve possuir instalação de suportes para fixação de andaimes, balancins ou outro meio utilizado para manutenção, a fim de facilitar a inspeção predial. Detalhamento em projeto das instalações dos suportes para fixação dos meios de acesso a manutenção e orientações quanto ao uso dos mesmos no manual do usuário, sendo este de responsabilidade do construtor/ incorporador.	Análise de projeto	Projetista de arquitetura, estrutura e instalações	Declaração em projeto/ Manual de uso, operação e manutenção

15. Saúde, higiene e qualidade do ar
Requisito 15.2 – Proliferação de micro-organismos

Critério 15.2.1: Proliferação de micro-organismos
A Lista 2 comenta que o projeto deve propiciar ao interior da edificação condições de salubridade, considerando as condições de umidade e temperatura, aliadas ao tipo de sistema utilizado. Como método de avaliação é indicado um ensaio, de responsabilidade do construtor, comprovado por meio de laudo sistêmico.

Para o mesmo critério, a Lista 1 indica uma análise de projeto, sendo que o projeto deve atender aos requisitos de ventilação e iluminação previstos no Código de Obras do município.

Para este livro será considerada a opinião da Lista 1, sendo o método de avaliação a análise de projeto, e a comprovação se dá por declaração em projeto/memorial descritivo, sendo responsabilidade do projetista de arquitetura.

Requisito 15.3 – Poluentes na atmosfera interna à habitação

Critério 15.3.1: Poluentes na atmosfera interna à habitação
Requisito com definições exatamente iguais ao item 15.2.1.

Requisito 15.4 – Poluentes no ambiente de garagem

Critério 15.4.1: Poluentes no ambiente de garagem
Requisito com definições exatamente iguais aos itens 15.2.1 e 15.3.1.

PARTE 1: REQUISITOS GERAIS			
Verificação	Avaliação	Responsável	Comprovação
15. Saúde, higiene e qualidade do ar			
15.2. Proliferação de micro-organismos			
15.2.1: Proliferação de micro-organismos O projeto deve atender aos requisitos de ventilação e iluminação previstos no Código de Obras do município.	Análise de projeto	Projetista de arquitetura	Declaração em projeto

PARTE 1: REQUISITOS GERAIS			
Verificação	Avaliação	Responsável	Comprovação
15.3. Poluentes na atmosfera interna da habitação			
15.3.1: Poluentes na atmosfera interna à habitação O projeto deve atender aos requisitos de ventilação e iluminação previstos no Código de Obras do município.	Análise de projeto	Projetista de arquitetura	Declaração em projeto
15.4. Poluentes no ambiente de garagem			
15.4.1: Poluentes no ambiente de garagem O projeto deve atender aos requisitos de ventilação e iluminação previstos no Código de Obras do município.	Análise de projeto	Projetista de arquitetura	Declaração em projeto

16. Funcionalidade e acessibilidade
Requisito 16.1 – Altura mínima de pé direito

Critério 16.1.1: Altura mínima de pé direito

Para a Lista 2, a altura mínima do pé direito deve ser igual ou superior a 2,50 m. Em vestíbulos, halls, corredores e instalações sanitárias, pode ser de, no mínimo, 2,30 m. Nos tetos com vigas, inclinados, abobadados ou contento superfícies salientes na altura piso a piso e/ou pé direito mínimo, deve ser mantido pelo menos 80% da superfície do teto, permitindo-se, na superfície restante, que o pé direito livre possa descer até o mínimo de 2,30 m. Como método de avaliação sugere-se uma análise de projeto, de responsabilidade do projetista de arquitetura e comprovação por meio de soluções descritas em projeto.

Para o mesmo critério, a Lista 1 indica uma análise de projeto, sendo que o projeto deve atender ao pé-direito mínimo de 2,50 m, salvo vestíbulos, halls, corredores, instalações sanitárias e despensas, os quais o mínimo a ser considerado é de 2,30 m. Já em tetos com vigas, inclinados, abobadados entre outros, deve ser mantido pelo menos 80% da superfície do teto em 2,50 m e o restante em 2,30 m. Se as leis vigentes indicarem pés direitos mínimos maiores que o sugerido, eles devem ser atendidos.

Para este livro será considerada a opinião da Lista 1. Como método de avaliação será utilizada a análise do projeto, sendo que a comprovação se dá por declaração em projeto e é de responsabilidade do projetista de arquitetura.

Requisito 16.2 – Disponibilidade mínima de espaços para uso e operação da habitação

Critério 16.2.1: Disponibilidade mínima de espaços para uso e operação da habitação

A Lista 2 comenta que os projetos de arquitetura das unidades habitacionais devem prever, no mínimo, a disponibilidade de espaço nos cômodos da edificação habitacional para colocação e utilização dos móveis e equipamentos-padrão listados no Anexo F da NBR 15575-1. Como método de avaliação indica-se uma análise de projeto, de responsabilidade do projetista de arquitetura.

Para o mesmo critério, a Lista 1 indica uma análise de projeto, avaliando no projeto arquitetônico o dimensionamento dos cômodos sobre os parâmetros do Anexo F da NBR 15575-1 e/ou código de obras, quando existente.

Para este livro será considerada a opinião da Lista 1, na qual o método de avaliação é a análise de projeto, de responsabilidade do projetista de arquitetura, comprovada por declaração em projeto.

Requisito 16.3 – Adequação para pessoa com deficiências físicas ou pessoa com mobilidade reduzida

Critério 16.3.1: Adaptações de áreas comuns e privativas

A Lista 2 sugere que as áreas privativas devem receber as adaptações necessárias para pessoas com deficiências físicas ou com mobilidade reduzida nos percentuais previstos na legislação, e as áreas de uso comum devem atender ao estabelecido na NBR 9050. Como método de avaliação indica-se uma análise de projeto, de responsabilidade do projetista de arquitetura, comprovada mediante declaração em projeto.

Para o mesmo critério, a Lista 1 indica uma análise de projeto, em que a edificação deve possuir o número mínimo de unidades para pessoas com deficiências físicas ou mobilidade reduzida de acordo com o código de obras do município, respeitando também a NBR 9050[28], tanto para as unidades autônomas quanto para as áreas de uso comum. Ainda, cita a necessidade de avaliação das premissas de projeto para as áreas de uso e comum e para as áreas privativas: acessos e instalações, substituição de escadas por rampas, limitação de declividade e de espaços a percorrer, largura de corredores e portas, alturas de peças sanitárias e disponibilidade de alças e barras de apoio.

Para este livro será considerada a opinião de Lista 1, na qual o método de avaliação é a análise de projeto, comprovada por declaração no projeto arquitetônico, com projeto específico de acessibilidade e de responsabilidade do projetista de arquitetura.

Requisito 16.4 – Possibilidade de ampliação da unidade habitacional

Critério 16.4.1: Ampliação de unidades habitacionais evolutivas

A Lista 2 sugere que no projeto e na execução de edificações térreas e assobradas, de caráter evolutivo, deve ser prevista pelo incorporador ou construtor a possibilidade de ampliação, especificando os detalhes construtivos para a ligação ou a continuidade dos sistemas (pisos, paredes, coberturas e instalações). Como método de avaliação indica-se uma análise de projeto, de responsabilidade dos projetistas de arquitetura, de estrutura e de instalações, comprovada por meio de uma solução descrita em projeto.

Para o mesmo critério, a Lista 1 indica uma análise de projeto, seguindo a mesma premissa que a Lista 2, porém indica que o incorporador ou construtor deve anexar ao manual de uso, operação e manutenção as especificações para futura ampliação, sendo que essas devem permitir, no mínimo, a manutenção dos níveis de desempenho da construção não ampliada.

Para este livro será considerada a opinião da Lista 1, sendo o método de avaliação a análise de projeto, de responsabilidade dos projetistas de arquitetura, estrutura e instalações, comprovada por meio do manual de uso, operação e manutenção e memorial descritivo.

---

[28] ASSOCIAÇÃO BRASILEIRA DE NORMAS TÉCNICAS. **NBR 9050: Acessibilidade a edificações, mobiliário, espaços e equipamentos urbanos**. Rio de Janeiro, 2021.

PARTE 1: REQUISITOS GERAIS			
Verificação	**Avaliação**	**Responsável**	**Comprovação**
16. Funcionalidade e acessibilidade			
16.1. Altura mínima de pé direito			
16.1.1: Altura mínima de pé direito O projeto deve atender ao pé direito mínimo de 2,50 m, salvo vestíbulos, halls, corredores, instalações sanitárias e despensas, aos quais o mínimo considerado é de 2,30 m. Já em tetos com vigas, inclinados e abobadados entre outros, deve ser mantido pelo menos 80% da superfície do teto em 2,50 m, e o restante em 2,30 m. Se as leis vigentes indicarem pés direitos mínimos maiores que o sugerido, eles que devem ser atendidos.	Análise de projeto	Projetista de arquitetura	Declaração em projeto
16.2. Disponibilidade mínima de espaços para uso e operação da habitação			
16.2.1: Disponibilidade mínima de espaços para uso e operação da habitação Avaliar, no projeto arquitetônico, o dimensionamento dos cômodos sobre os parâmetros do Anexo F da NBR 155751, e/ou código de obras, quando existente.	Análise de projeto	Projetista de arquitetura	Declaração em projeto

PARTE 1: REQUISITOS GERAIS			
Verificação	Avaliação	Responsável	Comprovação
16.3. Adequação para pessoas com deficiências físicas ou pessoas com mobilidade reduzida			
16.3.1: Adaptações de áreas comuns e privativas A edificação deve possuir o número mínimo de unidades para pessoas com deficiências físicas ou mobilidade reduzida, de acordo com o código de obras do município, respeitando também a NBR 9050, tanto para as unidades quanto para as áreas de uso comum. Premissas de projeto para as áreas de uso e comum e para as áreas privativas: acessos e instalações, substituição de escadas por rampas, limitação de declividade e de espaços a percorrer, largura de corredores e portas, alturas de peças sanitárias e disponibilidade de alças e barras de apoio.	Análise de projeto	Projetista de arquitetura	Declaração em projeto (projeto específico de acessibilidade)
16.4. Possibilidade de ampliação da unidade habitacional			
16.4.1: Ampliação de unidades habitacionais evolutivas No projeto e na execução de edificações térreas e assobradas, de caráter evolutivo, deve ser prevista, pelo incorporador ou construtor, a possibilidade de ampliação, especificando os detalhes construtivos para a ligação ou a continuidade dos sistemas (pisos, paredes, coberturas e instalações). O incorporador ou construtor deve anexar ao manual de uso, operação e manutenção as especificações para futura ampliação, sendo que elas devem permitir, no mínimo, a manutenção dos níveis de desempenho da construção não ampliada.	Análise de projeto	Projetista de arquitetura, estrutura e instalações	Manual de uso, operação e manutenção e memorial descritivo

17. Conforto tátil e antropodinâmico
Requisito 17.2 – Conforto tátil e adaptação ergonômica

Critério 17.2.1: Adequação ergonômica de dispositivos de manobra

A Lista 2 comenta que os elementos e componentes da habitação (trincos, puxadores, cremonas, guilhotinas etc.) devem ser projetados, construídos e montados de forma a não provocar ferimentos nos usuários. Elemento com normatização específica, como janelas, portas e torneiras, entre outros, devem, ainda, atender às normas correspondentes. Como método de avaliação é indicada a análise de projeto, de responsabilidade do projetista de arquitetura, com comprovação mediante soluções descritas em projeto, mais uma análise de projeto, de responsabilidade do projetista de instalações, comprovada por meio de especificação técnica e, por fim, um ensaio, de responsabilidade do setor de compras do construtor, comprovado por meio de laudo do fornecedor.

Para o mesmo critério, a Lista 1 indica uma análise de projeto, seguindo a mesma premissa que a Lista 2.

Para esse critério será considerada a indicação da Lista 2, utilizando como método de avaliação a análise de projeto, de responsabilidade do projetista de arquitetura, comprovada por meio de soluções descritas em projeto.

Requisito 17.3 – Adequação antropodinâmica de dispositivos de manobra

Critério 17.3.1: Força necessária para o acionamento de dispositivos de manobra

As listas 1 e 2 indicam que os componentes, equipamentos e dispositivos de manobra devem ser projetados, construídos e montados de forma a evitar que a força necessária para o acionamento exceda 10 N, nem o torque ultrapasse 20 N.m. Como método de avaliação é sugerido um ensaio, de responsabilidade do setor de compras do construtor, comprovado por meio de laudo do fornecedor.

PARTE 1: REQUISITOS GERAIS			
Verificação	Avaliação	Responsável	Comprovação
17. Conforto tátil e antropodinâmico			
17.2. Conforto tátil e adaptação ergonômica			
17.2.1: Adequação ergonômica de dispositivos de manobra Os elementos e componentes da habitação (trincos, puxadores, cremonas guilhotinas etc.) devem ser projetados, construídos e montados de forma a não provocar ferimentos nos usuários. Elemento com normatização específica, como janelas, portas e torneiras, entre outros, devem, ainda, atender às normas correspondentes.	Análise de projeto	Projetista de arquitetura	Declaração em projeto
17.3. Adequação antropodinâmica de dispositivos de manobra			
17.3.1: Força necessária para o acionamento de dispositivos de manobra Os componentes, equipamentos e dispositivos de manobra devem ser projetados, construídos e montados de forma a evitar que a força necessária para o acionamento exceda 10 N nem o torque ultrapasse 20 N.m.	Ensaio	Construtor	Laudo do fornecedor

18. Adequação ambiental

Apesar das listas 1 e 2 apresentarem esse item, a norma não estabelece critérios e métodos de avaliação, mas apenas recomendações. Por esse motivo, esse item não será comentado neste capítulo.

2.3 PARTE 2: REQUISITOS PARA OS SISTEMAS ESTRUTURAIS

7. Segurança estrutural

Requisito 7.2 – Estabilidade e resistência do sistema estrutural e demais elementos com função estrutural

Critério 7.2.1: Estado limite último

A Lista 2 sugere que neste requisito a obra deve atender às disposições aplicáveis das normas que abordam a estabilidade e a segurança estrutural para todos os componentes estruturais da edificação habitacional. Como método de avaliação é indicado um ensaio, de responsabilidade do construtor, tomando como comprovação um laudo do fornecedor, e também uma análise de projeto, realizada pelo projetista de estrutura e comprovada por meio de declaração em projeto.

Para o mesmo critério, a Lista 1 sugere uma análise de projeto referente à estrutura, abordando a comprovação de cumprimento de todas as normas vigentes em relação ao sistema utilizado. Complementa, ainda, a necessidade das condições de desempenho serem comprovadas analiticamente, demonstrando o atendimento ao Estado Limite Último (ELU); por fim, cita que o projeto estrutural deve apresentar justificativa dos fundamentos técnicos com base em Normas Técnicas, de acordo com a tipologia estrutural.

Para este livro será considerada a opinião da Lista 1, em que a análise de projeto deve ser realizada pelo projetista de estrutura e comprovada por meio de declaração em projeto. Entretanto, não será considerada necessária a apresentação do memorial de cálculo e/ou memorial justificativo.

Requisito 7.3 – Deformações ou estados de fissuração do sistema estrutural

Critério 7.3.1: Estados limites de serviço

A Lista 2 sugere que na edificação habitacional, os deslocamentos devem ser menores que os estabelecidos nas normas de projetos estruturais e as fissuras devem ter aberturas menores que os limites indicados nas NBR 6118[29] e NBR 9062[30]. Como método de avaliação é indicado um

---

[29] ASSOCIAÇÃO BRASILEIRA DE NORMAS TÉCNICAS. **NBR 6118: Projeto de estruturas de concreto** – Procedimento. Rio de Janeiro, 2024.

[30] ASSOCIAÇÃO BRASILEIRA DE NORMAS TÉCNICAS. **NBR 9062: Projeto e execução de estruturas de concreto pré-moldado.** Rio de Janeiro, 2017.

ensaio, de responsabilidade do construtor, tomando como comprovação um laudo do fornecedor, e também uma análise de projeto, realizada pelo projetista de estrutura e comprovada por meio de declaração em projeto.

Para o mesmo critério, a Lista 1 sugere uma análise de projeto referente à estrutura, abordando as mesmas indicações que a Lista 2 acrescidas de algumas recomendações. O projeto estrutural deve considerar a ação de cargas gravitacionais, de temperatura e vento, recalques diferenciais das fundações e outras solicitações passíveis de atuar sobre a edificação, conforme a NBR 6122[31], NBR 6123[32] e NBR 8681[33]. Ainda, cita que as flechas limites devem ser determinadas pelas respectivas normas técnicas ou pelas tabelas 1 e 2 do item 7.3.1 na NBR 15575-2, sendo o mesmo critério para as fissuras, que não podem exceder aberturas maiores que 0,6 mm.

Para este livro será considerada parcialmente a opinião da Lista 1, em que a análise de projeto deve ser realizada pelo projetista de estrutura e comprovada por meio de declaração em projeto. Entretanto, não será considerada necessária a apresentação do memorial de cálculo e/ou memorial justificativo.

Requisito 7.4 – Impactos de corpo mole e corpo duro

A Lista 2 sugere que os componentes da estrutura devem atender aos critérios de desempenho mínimo estabelecidos nas tabelas 3 e 4 desse item na NBR 15575-2. Como método de avaliação é indicado um ensaio, de responsabilidade do construtor, tomando como comprovação um laudo do fornecedor, e também uma análise de projeto, realizada pelo projetista de estrutura e comprovada por meio de declaração em projeto.

Para o mesmo critério, a Lista 1 sugere um ensaio laboratorial, em que o sistema estrutural não deve sofrer ruptura ou instabilidade sob as energias de impacto indicadas nas tabelas 3 a 5 desse item na NBR 15575-2. Também cita que é dispensável a realização de ensaio de laboratório quando atendido o requisito 7.2 para os seguintes sistemas estruturais: estruturas de concreto armado, de madeira, de aço e mistas de aço e concreto, de pré-moldado de concreto e para alvenaria estrutural em blocos de concreto.

---

[31] ASSOCIAÇÃO BRASILEIRA DE NORMAS TÉCNICAS. **NBR 6122: Projeto e execução de fundações.** Rio de Janeiro, 2022.

[32] ASSOCIAÇÃO BRASILEIRA DE NORMAS TÉCNICAS. **NBR 6123: Forças devidas ao vento em edificações.** Rio de Janeiro, 2023.

[33] ASSOCIAÇÃO BRASILEIRA DE NORMAS TÉCNICAS. **NBR 8681: Ações e segurança nas estruturas –** Procedimento. Rio de Janeiro, 2003.

Para este livro será considerada a opinião da Lista 1, em que a análise de projeto deve ser realizada pelo projetista de estrutura e comprovada por meio de declaração em projeto.

PARTE 2: SISTEMAS ESTRUTURAIS			
Verificação	Avaliação	Responsável	Comprovação
7. Segurança estrutural			
7.2. Estabilidade e resistência do sistema estrutural e demais elementos com função estrutural			
7.2.1: Estado limite último As condições de desempenho devem ser comprovadas analiticamente, demonstrando o atendimento ao Estado Limite Último (ELU). O projeto estrutural deve apresentar justificativa dos fundamentos técnicos com base em Normas Técnicas de acordo com a tipologia estrutural.	Análise de projeto	Projetista de estrutura	Declaração em projeto
7.3. Deformações ou estados de fissuração do sistema estrutural			
7.3.1: Estados limites de serviço Na edificação habitacional, os deslocamentos devem ser menores que os estabelecidos nas normas de projetos estruturais e as fissuras devem ter aberturas menores que os limites indicados nas NBR 6118 e NBR 9062. O projeto estrutural deve considerar ação de cargas gravitacionais, de temperatura e vento, recalques diferenciais das fundações e outras solicitações passíveis de atuar sobre a edificação (normas a serem seguidas: NBR 6122, NBR 6123 e NBR 8681). As flechas limites devem ser determinadas pelas respectivas normas técnicas ou pelas tabelas 1 e 2 do item 7.3.1 na NBR 15575-2, sendo o mesmo critério para as fissuras, sendo que elas não podem ter aberturas maiores que 0,6mm.	Análise de projeto	Projetista de estrutura	Declaração em projeto

PARTE 2: SISTEMAS ESTRUTURAIS			
Verificação	Avaliação	Responsável	Comprovação
7.4. Impactos de corpo mole e corpo duro			
O sistema estrutural não deve sofrer ruptura ou instabilidade sob as energias de impacto indicadas nas tabelas 3 a 5 no item 7.4.1 da NBR 15575-2. É dispensada a realização de ensaio de laboratório quando atendido o requisito 7.2 para os seguintes sistemas estruturais: estruturas de concreto armado, de madeira, de aço e mistas de aço e concreto, de pré-moldado de concreto, de aço constituídas por perfis formados a frio e para alvenaria estrutural em blocos de concreto.	Análise de projeto	Projetista de estrutura	Declaração em projeto

8. Segurança contra incêndio

Esta parte da norma não estabelece requisitos isolados de segurança contra incêndio para sistemas estruturais.

9. Segurança ao uso e operação

Esta parte da norma não estabelece requisitos isolados de segurança ao uso e operação para sistemas estruturais.

10. Estanqueidade

Esta parte da norma não estabelece requisitos isolados de estanqueidade para sistemas estruturais.

11. Desempenho térmico

Esta parte da norma não estabelece requisitos isolados de desempenho térmico para sistemas estruturais.

12. Desempenho acústico

Esta parte da norma não estabelece requisitos isolados de desempenho acústico para sistemas estruturais.

13. Desempenho lumínico

Esta parte da norma não estabelece requisitos isolados de desempenho lumínico para sistemas estruturais.

14. Durabilidade e manutenibilidade
Requisito 14.1 – Durabilidade do sistema estrutural

Critério 14.1.1: Vida útil de projeto do sistema estrutural

A Lista 2 sugere que, neste requisito, a estrutura principal e os elementos que fazem parte do sistema estrutural devem ser projetados e construídos de modo que, sob as condições ambientais previstas na época do projeto e quando utilizadas conforme o previsto e com manutenção adequada, mantenham sua capacidade funcional durante toda a vida útil do projeto, conforme estabelecido na seção 14 da NBR 15575-1. Caso não houver declaração de VUP, deve-se adotar o valor mínimo previsto na norma de desempenho. Como método de avaliação é indicado um ensaio, de responsabilidade do construtor, tomando como comprovação um laudo do fornecedor, e também uma análise de projeto e uma simulação, realizadas pelo projetista de estrutura e comprovadas por meios de declaração em projeto.

Para o mesmo critério, a Lista 1 sugere uma análise de projeto referente à estrutura, na qual se deve analisar a compatibilidade dos materiais utilizados em relação aos agentes deterioradores. O manual de uso, operação e manutenção da edificação deve recomendar o correto uso da edificação vinculado ao sistema estrutural e recomendar as intervenções periódicas de manutenções necessárias para preservar o desempenho requerido do sistema estrutural. O projeto estrutural deve mencionar as normas aplicáveis às condições ambientais vigentes na época do projeto e a utilização prevista da edificação.

Para este livro será considerada a opinião de Lista 1, em que a análise de projeto deve ser realizada pelo projetista de estrutura e comprovada por meio de declaração em projeto, e na qual a vida útil do projeto, no nível mínimo do sistema estrutural, é de 50 anos.

Requisito 14.2 – Manutenção do sistema estrutural

Critério 14.2.1: Manual de operação uso e manutenção do sistema estrutural

A Lista 2 sugere uma análise de projeto, realizada pelo projetista de estrutura e pelo construtor e comprovada por meio de declaração em projeto, em que o manual de uso, operação e manutenção do sistema estrutural atenda a NBR 5674.

Para o mesmo critério, a Lista 1 sugere uma análise de projeto, em que o manual de uso, operação e manutenção do sistema estrutural atenda a NBR 5674[34] e NBR 14037[35].

Para este livro será considerada a opinião de Lista 1, em que a análise de projeto deve ser realizada pelo projetista de estrutura e pelo construtor e comprovada por meio de declaração em projeto. Também deve ser considerada a obrigação do construtor em fornecer o manual de uso, operação e manutenção da edificação.

PARTE 2: SISTEMAS ESTRUTURAIS			
Verificação	Avaliação	Responsável	Comprovação
14. Durabilidade e manutenibilidade			
14.1. Durabilidade do sistema estrutural			
14.1.1: Vida útil de projeto do sistema estrutural	Análise de projeto	Projetista de estrutura	Declaração em projeto

---

[34] ASSOCIAÇÃO BRASILEIRA DE NORMAS TÉCNICAS. **NBR 5674: Manutenção de edificações** – Requisitos para o sistema de gestão de manutenção. Rio de Janeiro, 2024.

[35] ASSOCIAÇÃO BRASILEIRA DE NORMAS TÉCNICAS. **NBR 14037: Diretrizes para elaboração de manuais de uso, operação e manutenção das edificações** – Requisitos para elaboração e apresentação dos conteúdos. Rio de Janeiro, 2024.

PARTE 2: SISTEMAS ESTRUTURAIS			
Verificação	Avaliação	Responsável	Comprovação
Deve-se analisar a compatibilidade dos materiais utilizados em relação aos agentes deterioradores. O manual de uso e manutenção da edificação deve recomendar o correto uso da edificação vinculado ao sistema estrutural, recomendar as intervenções periódicas de manutenções necessárias para preservar o desempenho requerido do sistema estrutural. O projeto estrutural deve mencionar as normas aplicáveis às condições ambientais vigentes na época do projeto e a utilização prevista da edificação. A vida útil de projeto do sistema estrutural segundo o Anexo C Tabela C.6 da NBR 15575-1 é de, no mínimo, 50 anos.	Análise de projeto	Projetista de estrutura	Declaração em projeto
14.2. Manutenção do sistema estrutural			
14.2.1: Manual de operação uso e manutenção do sistema estrutural O manual de uso, operação e manutenção do sistema estrutural deve atender às NBR 5674 e NBR 14037.	Análise de projeto	Projetista de estrutura e construtor	Declaração em projeto e manual de uso, operação e manutenção

15. Saúde, higiene e qualidade do ar

Esta parte da norma não estabelece requisitos isolados de saúde, higiene e qualidade do ar para sistemas estruturais.

16. Funcionalidade e acessibilidade

Esta parte da norma não estabelece requisitos isolados de funcionalidade e acessibilidade para sistemas estruturais.

17. Conforto tátil e antropodinâmico

Esta parte da norma não estabelece requisitos isolados de conforto tátil e antropodinâmico para sistemas estruturais.

18. Adequação ambiental

Esta parte da norma não estabelece requisitos isolados de adequação ambiental para sistemas estruturais.

2.4 PARTE 3: REQUISITOS PARA O SISTEMA DE PISOS

7. Desempenho estrutural

Requisito 7.2 – Estabilidade e resistência estrutural

A Lista 2 sugere que a camada estrutural do sistema de pisos (todas as camadas) da edificação deve atender aos critérios especificados nesse item da NBR 15575-2. Como método de avaliação é indicada uma análise de projeto, de responsabilidade do projetista de estrutura, comprovada por meio de uma declaração em projeto.

Para o mesmo critério, a Lista 1 indica uma análise de projeto, na qual a camada estrutural do sistema de piso (laje) deve atender às normas técnicas de acordo com a tipologia da estrutura adotada. Ainda, ressalta a necessidade do piso (laje) ter condições de desempenho comprovadas analiticamente, demonstrando o atendimento ao estado limite último (ELU) e a justificativa dos fundamentos técnicos com base nas normas técnicas, apresentadas no projeto estrutural.

Para este livro será considerada a opinião da Lista 2, em que a análise de projeto deve ser realizada pelo projetista de estrutura e comprovada por meio de declaração em projeto.

Requisito 7.3 – Limitação dos deslocamentos verticais

A Lista 2 sugere que a camada estrutural do sistema de pisos (todas as camadas) da edificação deve atender aos critérios especificados no item 7.3.1 da NBR 15575-2. Como método de avaliação é indicada uma análise de projeto, de responsabilidade do projetista de estrutura, comprovada por meio de uma declaração em projeto.

Para o mesmo critério, a Lista 1 sugere uma análise de projeto, em que a camada estrutural do sistema de piso (laje) deve contemplar em projeto os corretos deslocamentos verticais limites bem como limitar fissuras ou quaisquer falhas no sistema. Devem-se seguir as recomendações das normas técnicas pertinentes à tipologia de estrutura ou atender às tabelas 1 e 2 do item 7.3.1 da NBR 15575-2.

Para este livro será considerada a opinião da Lista 2, em que a análise de projeto deve ser realizada pelo projetista de estrutura e comprovada por meio de declaração em projeto.

Requisito 7.4 – Resistência a impactos de corpo duro

Critério 7.4.1: Critérios e níveis de desempenho para resistência a impactos de corpo duro

A Lista 2 sugere que para os impactos de corpo duro, o sistema de piso deve atender ao critério de desempenho estabelecido na Tabela 1 desse item da norma. Como método de avaliação é indicado um ensaio, realizado pelo construtor e comprovado por meio de um laudo do fornecedor.

Para o mesmo critério, a Lista 1 sugere um ensaio de laboratório ou campo de acordo com o Anexo A da NBR 15575-2, podendo ser aceito laudo técnico de ensaio de protótipo do sistema que será utilizado. Além do mais, o sistema de pisos deve atender à Tabela 1 da NBR 15575-3.

Para esse requisito será considerada a Lista 1, utilizando como método de avaliação um ensaio do revestimento (camada de acabamento), seguindo as premissas do Anexo A da NBR 15575-2, de responsabilidade do construtor com comprovação por meio de laudo do fornecedor.

Requisito 7.5 – Cargas verticais concentradas

A Lista 2 sugere que os sistemas de piso não devem apresentar ruptura ou qualquer outro dano quando submetidos a cargas verticais concentradas de 1 kN, aplicadas no ponto mais desfavorável, e não apresentarem deslocamentos superiores a L/250, se construídos ou revestidos de material rígido, ou L/300, se construídos de material dúctil. Como método de avaliação é indicado um ensaio, realizado pelo construtor e comprovado por meio de um laudo sistêmico.

Para o mesmo critério, a Lista 1 sugere, além dos critérios citados na Lista 2, um ensaio de laboratório ou campo de acordo com o Anexo B da NBR 15575-3, podendo ser aceito laudo técnico de ensaio de protótipo do sistema que será utilizado.

Neste requisito será considerada a Lista 2, sendo que o ensaio deve seguir as premissas do Anexo B da NBR 15575-3, e o método de avaliação é um ensaio, de responsabilidade do construtor, comprovado por laudo do fornecedor, sendo analisado apenas o acabamento.

PARTE 3: SISTEMAS DE PISOS			
Verificação	Avaliação	Responsável	Comprovação
7. Desempenho estrutural			
7.2. Estabilidade e resistência estrutural			
A camada estrutural do sistema de piso (laje) deve atender às normas técnicas de acordo com a tipologia da estrutura adotada. O piso (laje) deve ter condições de desempenho comprovadas analiticamente, demonstrando o atendimento ao estado limite último (ELU) e também a justificativa dos fundamentos técnicos com base nas normas técnicas, apresentadas no projeto estrutural.	Análise de projeto	Projetista de estrutura	Declaração em projeto
7.3. Limitação dos deslocamentos verticais			
A camada estrutural do sistema de piso (laje) deve contemplar em projeto os corretos deslocamentos verticais limites bem como limitar fissuras ou quaisquer falhas no sistema. Devem-se seguir as recomendações das normas técnicas pertinentes à tipologia de estrutura ou atender às tabelas 1 e 2 da NBR 15575-2.	Análise de projeto	Projetista de estrutura	Declaração em projeto

PARTE 3: SISTEMAS DE PISOS			
Verificação	**Avaliação**	**Responsável**	**Comprovação**
7.4. Resistência a impactos de corpo-duro			
O sistema de pisos deve atender à Tabela 1 da NBR 15575-3. Para energia de impacto de corpo duro de 5J: não ocorrência de ruptura total da camada de acabamento, permitidas falhas superficiais, como mossas, lascamentos, fissuras e desagregações. Para energia de impacto de corpo duro de 30J: não ocorrência de ruína e transpassamento, permitidas falhas superficiais como mossas, fissuras lascamentos e desagregações. O fornecedor deve disponibilizar o laudo de ensaio do revestimento (camada de acabamento), seguindo as premissas do Anexo A da NBR 15575-2. Considera-se apenas o acabamento.	Ensaio	Construtor	Laudo do fornecedor
7.5. Cargas verticais concentradas			
Os sistemas de piso não devem apresentar ruptura ou qualquer outro dano, quando submetidos a cargas verticais concentradas de 1 kN, aplicadas no ponto mais desfavorável, e não apresentarem deslocamentos superiores a L/250, se construídos ou revestidos de material rígido, ou L/300, se construídos de material dúctil. Ensaio seguindo as premissas do Anexo B da NBR 15575-2. Considera-se apenas o acabamento.	Ensaio	Construtor	Laudo do fornecedor

8. Segurança ao fogo
Requisito 8.2 – Dificultar a ocorrência da inflamação generalizada

Critério 8.2.1: Avaliação da reação ao fogo da face inferior do sistema de piso

As listas 1 e 2 indicam que os critérios de avaliação da reação ao fogo da face inferior do sistema de pisos (camada estrutural) devem corresponder aos presentes nas tabelas 2 e 3 da NBR 15575-3. Ainda, comenta que materiais classe I, como aço e concreto, atendem a esse critério por serem incombustíveis; já os demais devem passar por ensaio. Como método de avaliação é indicada uma análise de projeto, de responsabilidade do projetista de estrutura, comprovada por meio de uma declaração em projeto, e um ensaio, realizado pelo construtor e comprovado por meio de laudo do fornecedor.

No caso deste livro, considera-se o listado acima e ressalta-se que o ensaio refere-se somente ao material utilizado.

Critério 8.2.3: Avaliação da reação ao fogo da face superior do sistema de piso

As listas 1 e 2 sugerem que os critérios de avaliação da reação ao fogo da face superior do sistema de piso (todas as camadas) devem corresponder aos presentes na Tabela 4 da NBR 15575-3. Como complemento, comenta que materiais pétreos, como mármore, granito e materiais cerâmicos são considerados classe I (incombustíveis), já os demais devem passar por ensaio para definir a classe. O método de avaliação indicado é uma análise de projeto, de responsabilidade dos projetistas de arquitetura, instalações e estrutura, com comprovação por meio de especificação técnica e declaração em projeto.

Este livro vai utilizar o método de avaliação de um ensaio, de acordo com as especificações da NBR 8660[36], de responsabilidade do construtor, comprovado por meio de laudo do fornecedor.

Requisito 8.3 – Dificultar a propagação do incêndio, da fumaça e preservar a estabilidade estrutural da edificação

Critério 8.3.1: Resistência ao fogo de elementos de compartimentação entre pavimentos e elementos estruturais associados

As listas 1 e 2 comentam que os sistemas ou elementos de vedação entre os pavimentos, sendo esses entrepisos e elementos estruturais associados, devem atender aos critérios de resistência ao fogo, controlando os

---

[36] ASSOCIAÇÃO BRASILEIRA DE NORMAS TÉCNICAS. **NBR 8660: Ensaio de reação ao fogo em pisos** – Determinação do comportamento com relação à queima utilizando uma fonte radiante de calor. Rio de Janeiro, 2013.

riscos de propagação do incêndio e de fumaça, de comprometimento da estabilidade da edificação num todo ou parte dela, em qualquer situação de incêndio. A metodologia de comprovação deve ser um ensaio, realizado pelo construtor e comprovado por meio de laudo do fornecedor.

Entretanto, a norma faculta a utilização do ensaio de acordo com a NBR 5628[37] ou métodos analíticos especificados pelas NBR 15200[38] (estruturas de concreto) e NBR 14323[39] (estruturas de aço ou mistas). Portanto, para esse requisito será utilizada a avaliação de análise de projeto, de responsabilidade do projetista de estrutura, comprovada mediante declaração em projeto/memorial.

Critério 8.3.3: Selagem corta-fogo nas prumadas elétricas e hidráulicas

As listas 1 e 2 comentam que todas as aberturas existentes nos pisos para as prumadas elétricas e hidráulicas devem ser dotadas de selagem corta-fogo, com tempo de resistência ao fogo igual ao do sistema de pisos utilizado e levando em consideração a altura da edificação. O método de avaliação sugerido é um ensaio, de responsabilidade do construtor, comprovado por meio de laudo do fornecedor, e também uma análise de projeto, realizada pelo projetista de instalações e comprovada com uma solução descrita em projeto.

Neste livro será considerado somente o ensaio conforme NBR 6479[40], de responsabilidade do construtor e comprovado por meio de laudo do fornecedor.

Critério 8.3.5: Selagem corta-fogo de tubulações de materiais poliméricos

As listas 1 e 2 indicam que todas as tubulações de materiais poliméricos de diâmetro interno superior a 40 mm que passam por intermédio do piso devem receber proteção especial por selagem capaz de fechar o buraco deixado pelo tubo ao ser consumido pelo fogo abaixo do piso, podendo essa metodologia ser substituída por prumadas enclausuradas (8.3.9).

A avaliação e a comprovação desse critério são as mesmas do item 8.3.3.

---

[37] ASSOCIAÇÃO BRASILEIRA DE NORMAS TÉCNICAS. **NBR 5628: Componentes construtivos estruturais** – Determinação da resistência ao fogo. Rio de Janeiro, 2022.

[38] ASSOCIAÇÃO BRASILEIRA DE NORMAS TÉCNICAS. **NBR 15200: Projeto de estruturas de concreto em situação de incêndio**. Rio de Janeiro, 2012.

[39] ASSOCIAÇÃO BRASILEIRA DE NORMAS TÉCNICAS. **NBR 14323: Projeto de estruturas de aço e de estruturas mistas de aço e concreto de edifícios em situação de incêndio**. Rio de Janeiro, 2013.

[40] ASSOCIAÇÃO BRASILEIRA DE NORMAS TÉCNICAS. **NBR 6479: Portas e vedadores** – Ensaio de resistência ao fogo. Rio de Janeiro, 2022.

Critério 8.3.7: Registros corta-fogo nas tubulações de ventilação

Para as listas 1 e 2, todas as tubulações de ventilação e ar condicionado que transpassam os pisos devem se prover de registro corta-fogo, instalados ao nível de cada piso, sendo a sua resistência ao fogo igual ao do sistema de pisos adotado.

A avaliação e comprovação desse critério são as mesmas do item 8.3.3.

Critério 8.3.9: Prumadas enclausuradas

As listas 1 e 2 indicam que todas as prumadas de instalações de serviço, como esgoto e águas pluviais, não necessitam ser seladas, desde que sejam totalmente enclausuradas, ou seja, possuam paredes corta-fogo que resistam ao fogo na mesma proporção que o sistema de pisos adotado.

A avaliação e a comprovação desse critério são as mesmas do item 8.3.3.

Critério 8.3.11: Prumadas de ventilação permanente

Para as listas 1 e 2, todos os dutos de ventilação e exaustão permanentes de banheiros, compostos por materiais incombustíveis, em que as paredes e as tubulações que os constituem sejam corta-fogo, devem possuir todas as suas derivações nos banheiros protegidas por grades de material intumescente, com resistência ao fogo igual ao sistema de piso. Esse critério pode ser substituído pelo 8.3.7.

A avaliação e a comprovação desse critério são as mesmas do item 8.3.3.

Critério 8.3.13: Prumada de lareiras, churrasqueiras, varandas gourmet e similares

Para as listas 1 e 2, todos os dutos de exaustão de lareiras, churrasqueiras, varandas gourmet e similares devem ser de material incombustível e estarem dispostos de forma a não propagarem incêndio entre os pavimentos ou no próprio pavimento de origem. A avaliação e a comprovação desse critério é a mesma do item 8.3.3.

Entretanto, neste livro, o método de avaliação será uma análise de projeto, a cargo do projetista de instalação, por meio de uma solução descrita em projeto.

Critério 8.3.15: Escadas, elevadores e monta-cargas

Para as listas 1 e 2, esses elementos devem atender às mesmas especificações do critério 8.3.1.

PARTE 3: SISTEMAS DE PISOS			
Verificação	**Avaliação**	**Responsável**	**Comprovação**
8. Segurança ao fogo			
8.2. Dificultar a ocorrência da inflamação generalizada			
8.2.1: Avaliação da reação ao fogo da face inferior do sistema de piso Os critérios de avaliação da reação ao fogo da face inferior do sistema de pisos (camada estrutural) devem corresponder aos presentes nas tabelas 2 e 3 da NBR 15575-3. Materiais classe I, como aço e concreto, atendem a este critério, já os demais devem passar por ensaio. Esse ensaio deve ser desenvolvido com base na NBR 9442.	Análise de projeto	Projetista estrutural	Declaração em projeto
Considera-se apenas o material.	Ensaio	Construtor	Laudo do fornecedor
8.2.3: Avaliação da reação ao fogo da face superior do sistema de piso Os critérios de avaliação da reação ao fogo da face superior do sistema de piso (acabamento, revestimento e isolamento termoacústico) devem corresponder aos presentes na Tabela 4 da NBR 15575-3. Materiais pétreos, como mármore, granito e materiais cerâmicos são considerados classe I. Os demais devem passar por ensaio, para definir a classe. Esse ensaio deve estar de acordo com as especificações da NBR 8660.	Ensaio	Construtor	Laudo do fornecedor

PARTE 3: SISTEMAS DE PISOS			
Verificação	Avaliação	Responsável	Comprovação
8.3. Dificultar a propagação do incêndio entre pavimentos e elementos estruturais associados			
8.3.1: Resistência ao fogo de elementos de compartimentação entre pavimentos e elementos estruturais associados Os sistemas ou elementos de vedação entre os pavimentos, sendo esses entrepisos e elementos estruturais associados, escadas, elevadores e montecargas, devem atender aos critérios de resistência ao fogo, controlando os riscos de propagação do incêndio e de fumaça, de comprometimento da estabilidade da edificação num todo ou parte dela, em qualquer situação de incêndio. A resistência ao fogo de elementos de compartimentação entre pavimentos e elementos estruturais associados deve ser comprovada de uma das seguintes maneiras: ensaios, de acordo com a NBR 5628, ou métodos analíticos especificados pelas NBR 15200 (estruturas de concreto) e NBR 12323 (estruturas de aço ou mistas).	Análise de projeto	Projetista estrutural	Declaração em projeto
8.3.3: Selagem corta-fogo nas prumadas elétricas e hidráulicas. Todas as aberturas existentes nos pisos para as prumadas elétricas e hidráulicas devem ser dotadas de selagem corta-fogo, com tempo de resistência ao fogo igual ao do sistema de pisos utilizado e levando em consideração a altura da edificação. Os ensaios devem ser realizados conforme NBR 6479.	Ensaio	Construtor	Laudo do fornecedor

PARTE 3: SISTEMAS DE PISOS			
Verificação	**Avaliação**	**Responsável**	**Comprovação**
8.3.5: Selagem corta-fogo de tubulações de materiais poliméricos (PPR) Todas as tubulações de materiais poliméricos de diâmetro interno superior a 40 mm, que passam por intermédio do piso, devem receber proteção especial por selagem capaz de fechar o buraco deixado pelo tubo ao ser consumido pelo fogo abaixo do piso, podendo essa metodologia ser substituída por prumadas enclausuradas (8.3.5). Os ensaios devem ser realizados conforme NBR 6479.	Ensaio	Construtor	Laudo do fornecedor
8.3.7: Registros corta-fogo nas tubulações de ventilação Todas as tubulações de ventilação forçada (exaustores, coifas, escadas pressurizadas etc.) e ar condicionado que transpassam os pisos devem se prover de registro corta-fogo, instalado ao nível de cada piso, sendo a sua resistência ao fogo igual ao do sistema de pisos adotado. Os ensaios devem ser realizados conforme NBR 6479.	Ensaio	Construtor	Laudo do fornecedor
8.3.9: Prumadas enclausuradas Todas as prumadas por onde passam as instalações de serviço, como esgoto e águas pluviais, não necessitam ser seladas, desde que sejam totalmente enclausuradas, ou seja, possuam paredes corta-fogo que resistam ao fogo na mesma proporção que o sistema de pisos adotado. Os ensaios devem ser realizados conforme NBR 6479.	Ensaio	Construtor	Laudo do fornecedor

PARTE 3: SISTEMAS DE PISOS			
Verificação	Avaliação	Responsável	Comprovação
8.3.11: Prumadas de ventilação permanente Todos os dutos de ventilação e exaustão permanentes de banheiros, compostos por materiais incombustíveis (classe I segundo a Tabela 2 da NBR 15575-3), em que as paredes e as tubulações que os constituem sejam corta-fogo, devem possuir todas as suas derivações nos banheiros protegidas por grades de material intumescente, com resistência ao fogo igual ao sistema de piso. Os ensaios devem ser realizados conforme NBR 6479.	Ensaio	Construtor	Laudo do fornecedor
8.3.13: Prumada de lareiras, churrasqueiras, varandas gourmet e similares. Todos os dutos de exaustão de lareiras, churrasqueiras, varandas gourmet e similares devem ser de material incombustível (classe I segundo a Tabela 2 da NBR 15575-3) e estarem dispostos de forma a não propagarem incêndio entre os pavimentos ou no próprio pavimento de origem.	Análise de projeto	Projetista de instalações	Solução descrita em projeto

9. Segurança no uso e na operação
Requisito 9.1 – Coeficiente de atrito da camada de acabamento

Critério 9.1.1: Coeficiente de atrito dinâmico

A Lista 2 indica que a camada de acabamento dos sistemas de pisos da edificação deve apresentar coeficiente de atrito dinâmico de acordo com os valores apresentados na NBR 16919[41], utilizando como método de avaliação um ensaio, de responsabilidade do setor de compras do construtor,

---

[41] ASSOCIAÇÃO BRASILEIRA DE NORMAS TÉCNICAS. **NBR 16919: Placas cerâmicas** - Determinação do coeficiente de atrito Rio de Janeiro, 2020.

comprovado por meio de laudo do fornecedor, e uma análise de projetos, de responsabilidade do projetista arquitetônico, com comprovação por meio de especificação técnica. A Lista 1 compartilha da mesma opinião, mas indica apenas um ensaio laboratorial como método de avaliação.

Para este livro será considerada a indicação da Lista 2, sendo que deve ser especificado em projeto o coeficiente de atrito do acabamento a ser utilizado, também sendo aceita declaração no memorial descritivo, além da necessidade do ensaio com laudo do fornecedor.

Requisito 9.2 – Segurança na circulação

Critério 9.2.1: Desníveis abruptos

A Lista 2 indica que nas áreas privativas os desvios abruptos devem possuir sinalização quando superiores a 5 mm, sendo que devem garantir a visibilidade do desnível (mudanças de cor, testeiras, faixas de sinalização); já as áreas comuns devem atender à NBR 9050[42]. Os métodos de avaliação indicados são inspeção, de responsabilidade do construtor, comprovada com relatório de inspeção, e uma análise de projeto, pelo projetista arquitetônico, com comprovação por meio de solução descrita em projeto.

A Lista 1 indica as mesmas soluções que a Lista 2 e acrescenta que o projeto deve apresentar cuidados específicos para as camadas de acabamento de sistemas de pisos de rampas ou escadas (inclinação acima de 5%) e nas áreas comuns. Entretanto, recomenda apenas análise de projeto como método de avaliação.

Para este livro será considerada a indicação da Lista 2, devendo ser apresentado como comprovação o projeto de acessibilidade.

Critério 9.2.2: Frestas

A Lista 2 cita que o sistema de pisos deve apresentar frestas (ou juntas sem preenchimento) com abertura máxima entre componentes de pisos de 4 mm, executando juntas de movimentação em ambiente externo. Como método de avaliação indica a inspeção, de responsabilidade do construtor, comprovada com relatório de inspeção, e uma análise de projeto, pelo projetista arquitetônico, com comprovação por meio de

---

[42] ASSOCIAÇÃO BRASILEIRA DE NORMAS TÉCNICAS. **NBR 9050: Acessibilidade a edificações, mobiliário, espaços e equipamentos urbanos**. Rio de Janeiro, 2021.

especificação técnica. A Lista 1 indica as mesmas soluções que a Lista 2, porém cita como método de avaliação apenas a análise de projeto.

Para este livro será considerada a indicação da Lista 2, tendo a análise de projeto como avaliação, comprovada por declaração em projeto e de responsabilidade do projetista de arquitetura.

Requisito 9.3 – Segurança no contato direto

Critério 9.3.1: Arestas contundentes

A Lista 2 comenta que a superfície do sistema de piso não deve apresentar arestas contundentes e não pode liberar fragmentos perfurantes ou contundentes, em condições normais de uso e manutenção, incluindo as atividades de limpeza. Como método de avaliação é indicada uma inspeção, comprovada com relatório de inspeção e realizada pelo construtor.

A Lista 1 indica as mesmas soluções que a Lista 2, porém o método de avaliação citado é apenas a análise de projeto.

Para este livro será considerada a Lista 2, ou seja, uma inspeção, comprovada com relatório de inspeção e realizada pelo construtor.

PARTE 3: SISTEMAS DE PISOS			
Verificação	Avaliação	Responsável	Comprovação
9. Segurança no uso e na ocupação			
9.1. Coeficiente de atrito da camada de acabamento			
9.1.1: Coeficiente de atrito dinâmico A camada de acabamento dos sistemas de pisos da edificação deve apresentar coeficiente de atrito dinâmico de acordo com os valores apresentados na NBR 16919.	Ensaio	Construtor	Laudo do fornecedor
Especificar em projeto o coeficiente de atrito de cada acabamento a ser utilizado	Análise de projeto	Projetista de arquitetura	Declaração em projeto

PARTE 3: SISTEMAS DE PISOS			
Verificação	**Avaliação**	**Responsável**	**Comprovação**
9.2. Segurança na circulação			
9.2.1: Desníveis abruptos	Inspeção	Construtor	Relatório de inspeção
Nas áreas privativas, os desvios abruptos devem possuir sinalização quando superiores a 5 mm, sendo que devem garantir a visibilidade do desnível (mudanças de cor, testeiras, faixas de sinalização); já as áreas comuns devem atender à NBR 9050.	Análise de projeto	Projetista de arquitetura	Declaração em projeto (projeto específico de acessibilidade)
9.2.2: Frestas O sistema de pisos deve apresentar frestas (ou juntas sem preenchimento) com abertura máxima entre componentes de pisos de 4 mm, executando juntas de movimentação em ambiente externo.	Análise de projeto	Projetista de arquitetura	Declaração em projeto
9.3. Segurança no contato direto			
9.3.1: Arestas contundentes A superfície do sistema de piso não deve apresentar arestas contundentes e não pode liberar fragmentos perfurantes ou contundentes, em condições normais de uso e manutenção, incluindo as atividades de limpeza, ou seja, as superfícies dos pisos não podem provocar lesões aos usuários	Inspeção	Construtor	Relatório de inspeção

10. Estanqueidade

Requisito 10.2 – Estanqueidade de sistema de pisos em contato com a umidade ascendente

Critério 10.2.1: Estanqueidade de sistema de pisos em contato com a umidade ascendente

A Lista 2 indica que os sistemas de pisos devem ser estanques à umidade ascendente, considerando a altura máxima do lençol freático prevista para o local da obra (impermeabilização de parede e drenagem de subsolo).

Como método de avaliação sugere-se uma inspeção, de responsabilidade do construtor, comprovada por meio de relatório de inspeção, e também uma análise de projeto, realizada pelo projetista específico e comprovada por meio de solução descrita em projeto. A Lista 1 indica as mesmas soluções que a Lista 2, porém o método de avaliação citado é apenas a análise de projeto.

Para este livro será considerada a indicação da Lista 1, sendo a análise de projeto sob responsabilidade do projetista específico, comprovada por declaração em projeto de impermeabilização.

Requisito 10.3 – Estanqueidade de sistema de pisos de áreas molháveis da habitação

A Lista 2 comenta que áreas molháveis não são estanques e essa informação deve constar no manual do usuário. Portanto, o critério de estanqueidade não é aplicável. Mesmo assim indica-se que deve ser realizada uma análise de projeto pelo construtor e comprovada por meio de declaração em projeto.

A Lista 1 indica as mesmas soluções que a Lista 2, porém o método de avaliação citado é apenas a análise de projeto.

Para este livro será considerada a indicação da Lista 2, sendo que essa afirmação deve constar no Manual de uso, operação e manutenção.

Requisito 10.4 – Estanqueidade de sistema de pisos de áreas molhadas

Critério 10.4.1: Estanqueidade de sistema de pisos de áreas molhadas

As listas 1 e 2 citam que os sistemas de pisos de áreas molhadas não devem permitir o surgimento de umidade, de modo que a superfície inferior e os encontros com paredes e pisos adjacentes que os delimitam permaneçam secos quando submetidos a uma lâmina de água de, no mínimo, 10 mm em seu ponto mais alto durante 72h. Considera-se como método de avaliação um ensaio, realizado pelo construtor e comprovado com um laudo.

A Lista 1 indica as mesmas soluções que a Lista 2, porém o método de avaliação citado é apenas o ensaio de campo, sendo que ele deve atender às exigências da NBR 15575-3.

Para este livro será considerada a necessidade de ensaio de campo, seguindo as premissas do Anexo C da NBR 15575-3 (Ensaio in-loco da Lâmina de Água), de responsabilidade do construtor e com o respectivo laudo de ensaio.

NORMA DE DESEMPENHO DE EDIFICAÇÕES: MODELO DE APLICAÇÃO EM CONSTRUTORAS

PARTE 3: SISTEMAS DE PISOS			
Verificação	**Avaliação**	**Responsável**	**Comprovação**
10. Estanqueidade			
10.2. Estanqueidade de sistemas de pisos em contato com umidade ascendente			
10.2.1: Estanqueidade de sistema de pisos em contato com a umidade ascendente Os sistemas de pisos devem ser estanques à umidade ascendente, considerando a altura máxima do lençol freático prevista para o local da obra (impermeabilização de parede e drenagem de subsolo).	Análise de projeto	Projetista específico	Declaração em projeto (projeto de impermeabilização)
10.3. Estanqueidade de sistemas de pisos de áreas molháveis da habitação			
Áreas molháveis não são estanques e essa informação deve constar no manual do usuário, portanto o critério de estanqueidade não é aplicável.	Análise de projeto	Construtor	Manual de uso, operação e manutenção
10.4. Estanqueidade de sistemas de pisos de áreas molhadas da habitação			
10.4.1: Estanqueidade de sistema de pisos de áreas molhadas	Ensaio	Construtor	Laudo de ensaio
Os sistemas de pisos de áreas molhadas não devem permitir o surgimento de umidade; a superfície inferior e os encontros com paredes e pisos adjacentes que os delimitam devem permanecer secos, quando submetidos a uma lâmina de água de, no mínimo, 10 mm em seu ponto mais alto, durante 72h. Seguir as premissas de ensaio do Anexo C da NBR 15575-3 (Ensaio in-loco da Lâmina de Água)	Ensaio	Construtor	Laudo de ensaio

11. Desempenho térmico

Esta parte da norma não estabelece requisitos isolados de desempenho térmico para sistemas de piso.

12. Desempenho acústico
Requisito 12.3 – Níveis de ruído admitidos na habitação

Critério 12.3.1: Ruído de impacto em sistema de pisos

As listas 1 e 2 comentam que o som resultante de ruídos de impacto (caminhamento, queda de objetos etc.) entre unidades habitacionais deve ser avaliado conforme métodos da NBR 15575-3, sendo avaliados apenas dormitórios. O autor indica ensaio como método de avaliação, comprovado por laudo sistêmico e de obrigação do construtor.

Para este livro será considerado como método de avaliação o ensaio de ruído de impacto, de responsabilidade do construtor, comprovado por laudo de ensaio.

Critério 12.3.2: Isolamento de ruído aéreo dos sistemas de pisos entre unidades habitacionais

As listas 1 e 2 indicam que isolamento de som aéreo de uso normal (fala, televisão, conversas, música) e uso eventual (áreas comuns, áreas de uso coletivo) deve ser avaliado segundo os métodos da NBR 15575-3, avaliando apenas os dormitórios. O autor cita como método de avaliação um ensaio, comprovado por laudo sistêmico e de responsabilidade do construtor.

Para este livro será considerado como método de avaliação o ensaio de ruído aéreo, de responsabilidade do construtor, comprovado por laudo de ensaio.

PARTE 3: SISTEMAS DE PISOS			
Verificação	Avaliação	Responsável	Comprovação
12. Desempenho acústico			
12.3. Níveis de ruído admitidos na habitação			
12.3.1: Ruído de impacto em sistema de pisos	Ensaio	Construtor	Laudo de ensaio

PARTE 3: SISTEMAS DE PISOS			
Verificação	**Avaliação**	**Responsável**	**Comprovação**
O som resultante de ruídos de impacto (caminhamento, queda de objetos etc.) entre unidades habitacionais deve ser avaliado conforme métodos da NBR 15575-3, sendo avaliado apenas em dormitórios. Analisar Tabela 6 da NBR 15575-3: ≤ 80dB para sistemas de pisos separando unidades habitacionais autônomas posicionadas em pavimentos distintos. ≤ 55dB para sistemas de pisos de área de uso coletivo (atividades de lazer e esportivas, como salas de ginástica, salão de festas, salão de jogos, banheiros e vestiários coletivos, cozinhas e lavanderias coletivas) sobre unidades habitacionais autônomas. 12.3.2. Isolamento de ruído aéreo dos sistemas de pisos entre unidades habitacionais O isolamento de som aéreo de uso normal (fala, conversas, música) e uso eventual (áreas comuns, áreas de uso coletivo) deve ser avaliado segundo os métodos da NBR 15575-3, avaliando apenas os dormitórios. Analisar Tabela 7 da NBR 15575-3: ≥ 45dB para sistemas de pisos separando unidades habitacionais autônomas, no caso de pelo menos um dos ambientes ser dormitório.	Ensaio	Construtor	Laudo de ensaio

PARTE 3: SISTEMAS DE PISOS			
Verificação	Avaliação	Responsável	Comprovação
≥ 40dB para sistemas de pisos separando unidades habitacionais autônomas de áreas comuns de trânsito eventual, como corredores e escadaria nos pavimentos, bem como em pavimentos distintos; nenhum ambiente deve ser dormitório. ≥ 45dB para sistemas de pisos separando unidades habitacionais autônomas de áreas comuns de uso coletivo, para atividades de lazer e esportivas, como home theater, salas de ginástica, salão de festas, salão de jogos, banheiros e vestiários coletivos, cozinhas e lavanderias coletivas.	Ensaio	Construtor	Laudo de ensaio

13. Desempenho lumínico

Esta parte da norma não estabelece requisitos isolados de desempenho lumínico para sistemas de piso.

14. Durabilidade e manutenibilidade

Requisito 14.2 – Resistência à umidade do sistema de pisos de áreas molhadas e molháveis

Critério 14.2.1: Ausência de danos em sistema de pisos de áreas molhadas e molháveis pela presença de umidade

A Lista 2 comenta que o sistema de pisos deve atender aos critérios de não formação de bolhas, fissuras, empolamentos, destacamentos, delaminações, eflorescências e desagregação superficial quando submetidos a uma lâmina de água de, no mínimo, 10 mm em seu ponto mais alto, durante 72h. Como método de avaliação é citado um ensaio de responsabilidade do fornecedor, comprovado por meio de laudo de ensaio.

A Lista 1 indica as mesmas soluções que a Lista 2, e acrescenta a necessidade de seguir as premissas de ensaio do Anexo C da NBR 15575-3.

Para este livro será considerado que o ensaio é o mesmo executado no item 10.4.1, entretanto são observados aspectos diferentes, mas que devem ser analisados de maneira conjunta.

Requisito 14.3 – Resistência ao ataque químico dos sistemas de pisos

Critério 14.3.1: Ausência de danos em sistema de pisos pela presença de agentes químicos

As listas 1 e 2 comentam que deve ocorrer a avaliação, seguindo o método de ensaio descrito no Anexo D da NBR 15575-3, da resistência química dos componentes, quando não possuem normas específicas ao ataque químico, e deve constar no projeto a resistência ao ataque químico da peça cerâmica. Como método de avaliação é sugerido um ensaio, de responsabilidade do construtor, comprovado por laudo do fornecedor, e uma análise de projeto, pelo projetista de arquitetura, comprovada com especificação técnica. Como complemento no projeto arquitetônico deve estar indicada a resistência ao ataque químico do revestimento (peça cerâmica, lâmina).

O livro corrobora que são necessários dois métodos de avaliação: o ensaio com laudo do fornecedor e a especificação técnica em projeto.

Requisito 14.4 – Resistência ao desgaste em uso

Critério 14.4.1: Desgaste por abrasão

A Lista 2 cita que as camadas de acabamento devem apresentar resistência ao desgaste devido aos esforços de uso, de forma a garantir a vida útil estabelecida em projeto, conforme NBR 15575-1. Como método de avaliação é considerado um ensaio, realizado pelo construtor, com comprovação por meio de laudo do fornecedor, e também uma análise de projeto, de responsabilidade do projetista de arquitetura, comprovada com solução descrita em projeto. Ainda, comenta que deve constar no projeto a resistência à abrasão da peça cerâmica utilizada.

A Lista 1 indica uma análise de projeto, que deve ser realizada por todos os projetistas, na qual eles devem especificar em projeto os componentes de revestimento que atendam às normas técnicas prescritivas aplicáveis aos diferentes materiais utilizados.

Para este livro será considerada a Lista 2, sendo que a vida útil mínima dos revestimentos internos externos de piso é de 13 anos, ressaltando os dois métodos de avaliação necessários: o ensaio, com laudo do fornecedor, e a especificação técnica em projeto.

PARTE 3: SISTEMAS DE PISOS			
Verificação	Avaliação	Responsável	Comprovação
14. Durabilidade e manutenibilidade			
14.2. Resistência à umidade do sistema de pisos de áreas molhadas e molháveis			
14.2.1: Ausência de danos em sistema de pisos de áreas molhadas e molháveis pela presença de umidade	Ensaio	Construtor	Laudo do fornecedor
O sistema de pisos deve atender aos critérios de não formação de bolhas, fissuras, empolamentos, destacamentos, delaminações, eflorescências e desagregação superficial quando submetidos a uma lâmina de água de, no mínimo, 10 mm em seu ponto mais alto, durante 72h, sendo esse ensaio solicitado ao fornecedor da camada de acabamento. Seguir as premissas de ensaio do Anexo C da NBR 15575-3.	Ensaio	Construtor	Laudo do fornecedor
14.3. Resistência ao ataque químico dos sistemas de pisos			
14.3.1: Ausência de danos em sistema de pisos pela presença de agentes químicos Avaliar, seguindo o método de ensaio descrito no Anexo D da NBR 15575-3, a resistência química dos componentes, quando não possuem normas específicas ao ataque químico e deve constar no projeto a resistência ao ataque químico da peça cerâmica.	Ensaio	Construtor	Laudo do fornecedor
No projeto arquitetônico deve estar indicada a resistência ao ataque químico do revestimento (peça cerâmica, lâmina).	Análise de projeto	Projetista de arquitetura	Especificação técnica

PARTE 3: SISTEMAS DE PISOS			
Verificação	Avaliação	Responsável	Comprovação
14.4. Resistência ao desgaste por abrasão			
14.4.1: Desgaste por abrasão As camadas de acabamento devem apresentar resistência ao desgaste devido aos esforços de uso, de forma a garantir a vida útil estabelecida em projeto, conforme NBR 15575-1.	Ensaio	Construtor	Laudo do fornecedor
Constar no projeto a resistência à abrasão da peça cerâmica utilizada.	Análise de projeto	Projetista de arquitetura	Especificação técnica

15. Saúde, higiene e qualidade do ar

Esta parte da norma não estabelece requisitos isolados de saúde, higiene e qualidade do ar para sistemas de piso.

16. Funcionalidade e acessibilidade

Esta parte da norma não estabelece requisitos isolados de funcionalidade e acessibilidade para sistemas de piso.

17. Conforto tátil e antropodinâmico

Requisito 17.2 – Homogeneidade quanto à planeza da camada de acabamento do sistema de piso

Critério 17.2.1: Planeza

As listas 1 e 2 indicam a necessidade de planicidade da camada de acabamento ou superfícies para a fixação de camada de acabamento das áreas comuns e privativas com valores iguais ou inferiores a 3 mm, com régua de 2 m, em qualquer direção. O método de avaliação é uma inspeção por parte do construtor, comprovada com relatório de inspeção.

PARTE 3: SISTEMAS DE PISOS			
Verificação	Avaliação	Responsável	Comprovação
17. Conforto tátil e antropodinâmico			
17.2. Homogeneidade quanto à planeza da camada de acabamento do sistema de piso			
17.2.1: Planeza Necessidade de planicidade da camada de acabamento ou superfícies para a fixação de camada de acabamento das áreas comuns e privativas com valores iguais ou inferiores a 3 mm com régua de 2 m em qualquer direção.	Inspeção	Construtor	Relatório de inspeção

18. Adequação ambiental

Esta parte da norma não estabelece requisitos isolados de adequação ambiental para sistemas de piso.

2.5 PARTE 4: SISTEMA DE VEDAÇÕES VERTICAIS INTERNAS E EXTERNAS – SVVIE

7. Desempenho estrutural

Requisito 7.1 – Estabilidade e resistência estrutural dos sistemas de vedação internos e externos

Critério 7.1.1: Estado-limite último

A Lista 2 sugere que as vedações verticais internas e externas (VVIE) com função estrutural devem ser montadas, construídas e projetadas para atender ao item 7.2 da NBR 15575-2 e às disposições das Normas Brasileiras que abordam a estabilidade e a segurança estrutural de VVIE. É indicado um ensaio, a ser realizado pelo construtor e comprovado com laudo sistêmico, e uma simulação, de responsabilidade do projetista de estrutura e comprovada com declaração em projeto.

Para a Lista 1 deve-se atender aos cálculos e ensaios descritos na NBR 15575-2 quando se tratar de sistema estrutural. Já quando for vedação vertical interna ou externa com função estrutural, o projeto deve seguir a Norma Brasileira específica do sistema adotado. Como método de avaliação o autor indica uma análise de projeto.

Neste livro será considerada a Lista 1, sendo o método de avaliação a análise de projeto, de responsabilidade do projetista de estrutura, comprovada por meio de declaração em projeto de alvenaria estrutural de atendimento às normas específicas. Para SVVIE sem função estrutural não se aplica.

Requisito 7.2 – Deslocamentos, fissuração e ocorrência de falhas nos SVVIE

Critério 7.2.1: Limitação de deslocamentos e fissuração

A Lista 2 indica que o SVVIE, com ou sem função estrutural, considerando as combinações de cargas, deve atender aos limites de deslocamentos instantâneos e residuais indicados na Tabela 1 da NBR 15575-4, sem apresentar falhas que caracterizem o estado-limite de serviço. Como métodos de avaliação são sugeridos um ensaio, inspeção e uma análise de projetos, sendo de responsabilidade do construtor e do projetista estrutural, com comprovação por meio de laudo sistêmico, laudo do fornecedor e declaração em projeto, respectivamente.

Porém, a Lista 1 descreve que os SVVIE que possuem função estrutural devem atender à NBR 15575-2 em relação a cálculos ou ensaios. Como complemento, coloca-se que o projeto deve mencionar a função estrutural ou não dos SVVIE, indicando as Normas Brasileiras aplicáveis para cada um.

Neste livro será considerada a Lista 1, utilizando como método de avaliação a análise de projeto, de responsabilidade do projetista de estrutura, comprovada por memorial de cálculo, sendo para SVVIE com função estrutural. Quando for SVVIE sem função estrutural, a responsabilidade passa a ser do projetista de arquitetura, comprovada por declaração em projeto.

Requisito 7.3 – Solicitações de cargas provenientes de peças suspensas atuantes nos sistemas de vedações internas e externas

Critério 7.3.1: Capacidade de suporte para peças suspensas

Para a Lista 2, o SVVIE da edificação habitacional, com ou sem função estrutural, sob ação de cargas devidas a peças suspensas, não devem apresentar fissuras, deslocamentos horizontais instantâneos ou deslocamentos residuais, lascamentos ou rupturas, nem permitir o arrancamento dos dispositivos de fixação ou seu esmagamento. Como método de avaliação é sugerido um ensaio, realizado pelo construtor e comprovado por laudo sistêmico.

A Lista 1 indica realizar ensaio em laboratório seguindo as premissas do Anexo A da NBR 15575-4, sendo aceito laudos técnicos de ensaio de protótipo do sistema a ser utilizado. Ainda, comenta a necessidade de apresentação das premissas de projeto apresentadas no item 7.3.1.2 da NBR 15575-4, avaliadas por meio de análise de projeto.

Para este livro, será considerada a Lista 2, acrescido das premissas de projeto, sendo estas: cargas de uso e local que podem ser aplicadas (indicado em planta) e dispositivos e sistemas de fixação e seu detalhamento (mão-francesa, parafuso etc.). Sendo utilizado como método de avaliação a análise de projeto, de responsabilidade do projetista de arquitetura, comprovada por meio de declaração em projeto ou do manual de uso, operação e manutenção. Também é indicado um ensaio, de responsabilidade do construtor, comprovado por meio de laudo de ensaio, seguindo as premissas do Anexo A da NBR 15575-4. Pode-se substituir o ensaio por resultado de protótipo igual ao sistema utilizado.

Requisito 7.4 – Impacto de corpo-mole nos SVVIE, com ou sem função estrutural

Critério 7.4.1: Resistência a impactos de corpo-mole

Segundo a Lista 2, o SVVIE deve atender aos seguintes critérios:

- Não sofrer rupturas ou instabilidade, que caracterize o estado-limite último, para as energias de impacto correspondentes as indicadas nas tabelas 3 e 4 da NBR 15575-4.

- Não apresentar fissuras, escamações, delaminações ou qualquer outro tipo de falha que possa comprometer o estado de utilização, observando ainda os limites de deslocamentos instantâneos e residuais indicados nas tabelas 3 e 4 da NBR 15575-4.

- Não provocar danos a componentes, instalações ou aos acabamentos acoplados ao SVVIE, de acordo com as energias de impacto indicadas nas tabelas 3 e 4 da NBR 15575-4.

Esse critério deve ser avaliado por meio de ensaio, realizado pelo construtor e comprovado com laudo sistêmico.

A Lista 1 compartilha da mesma opinião e acrescenta as premissas de projeto do item 7.4.1.2 da NBR 15575-4. Ainda, sugere para avaliação o ensaio de acordo com a NBR 11675[43] e uma análise de projeto.

Para este livro, será considerada a Lista 1, acrescida das premissas de projeto: assegurar a fácil reposição dos materiais de revestimento utilizados e explicitar que o revestimento interno da parede de fachada multicamada não é parte integrante da estrutura da parede, nem considerada no contraventamento. Como método de avaliação será necessária uma análise de projeto, de responsabilidade do projetista de arquitetura, comprovada por meio de declaração em projeto (premissas de projeto), e um ensaio de responsabilidade do construtor, comprovado por meio de laudo.

Requisito 7.5 – Ações transmitidas por portas

Critério 7.5.1: Ações transmitidas por portas internas ou externas
Segundo a Lista 2, o SVVIE deve atender aos itens abaixo:

- Quando as portas forem submetidas a dez operações de fechamento brusco, as paredes não podem apresentar falhas.

- Sob a ação de um impacto de corpo mole com energia de 240 J, aplicado no centro geométrico da folha da porta, não pode ocorrer arrancamento do marco, nem ruptura ou perda de estabilidade da parede.

Como avaliação, o autor sugere um ensaio, a ser realizado pelo construtor, comprovado por laudo de ensaio.

Observou-se falta de nexo na opinião de Lista 1 em relação a este requisito, portanto será considerada neste livro a Lista 2. Ainda, acrescenta-se que o ensaio deve seguir as premissas do Anexo A da NBR 15575-2.

Requisito 7.6 – Impacto de corpo duro incidente nos SVVIE, com ou sem função estrutural

Critério 7.6.1: Resistência a impactos de corpo duro
A Lista 2 estipula que o SVVIE deve atender aos critérios abaixo quando sob a ação de impactos de corpo duro:

---

[43] ASSOCIAÇÃO BRASILEIRA DE NORMAS TÉCNICAS. **NBR 11675: Divisórias leves internas moduladas –** Verificação da resistência aos impactos. Rio de Janeiro, 2016.

- Não apresentar fissuras, escamações, delaminações ou qualquer outro tipo de dano.

- Não apresentar ruptura ou traspassamento sob ação dos impactos de corpo duro indicados nas tabelas 7 e 8 da NBR 15575-4.

Como avaliação, sugere-se um ensaio a ser realizado pelo construtor comprovado por laudo de ensaio.

A Lista 1 indica a realização de ensaio de laboratório, seguindo o Anexo B da NBR 15575-4 ou NBR 11675[44], sendo aceitável laudo técnico de ensaio de protótipo do sistema a ser utilizado.

Neste livro será considerada a Lista 2.

Requisito 7.7 – Cargas de ocupação incidente em guarda-corpos e parapeitos de janelas

Critério 7.7.1: Ações estáticas horizontais, estáticas verticais e de impactos incidentes em guarda-corpos e parapeitos

Para a Lista 2, os guarda-corpos de edificações habitacionais devem atender ao disposto na NBR 14718[45], em relação aos esforços mecânicos e demais disposições previstas. Como avaliação, sugere um ensaio a ser realizado pelo construtor e comprovado por laudo de ensaio e uma análise de projeto, de responsabilidade do projetista de arquitetura e comprovada com solução descrita em projeto.

A Lista 1 compartilha da mesma opinião e acrescenta as premissas de projeto do item 7.7.1.2 da NBR 15575-4. Ainda, sugere para avaliação o ensaio de laboratório e uma análise de projeto.

Neste livro será considerada parcialmente a Lista 2, sendo que o método de avaliação para guarda-corpos deve ser a análise de projeto, de responsabilidade do projetista estrutural, comprovada por meio do detalhamento em projeto e de sua fixação. Já para os parapeitos deve-se realizar ensaio de impacto previsto na NBR 15575-4, de responsabilidade do construtor, comprovado mediante laudo de ensaio.

---

[44] ASSOCIAÇÃO BRASILEIRA DE NORMAS TÉCNICAS. **NBR 11675: Divisórias leves internas moduladas –** Verificação da resistência aos impactos. Rio de Janeiro, 2016.

[45] ASSOCIAÇÃO BRASILEIRA DE NORMAS TÉCNICAS. **NBR 14718: Guarda-corpos para edificação**. Rio de Janeiro, 2019.

NORMA DE DESEMPENHO DE EDIFICAÇÕES: MODELO DE APLICAÇÃO EM CONSTRUTORAS

PARTE 4: SISTEMAS DE VEDAÇÕES VERTICAIS INTERNAS E EXTERNAS – SVVIE			
Verificação	Avaliação	Responsável	Comprovação
7. Desempenho estrutural			
7.1. Estabilidade e resistência estrutural dos SVVIE			
7.1.1: Estado-limite último Atender aos cálculos e ensaios descritos na NBR 15575-2 quando se tratar de sistema estrutural. Já quando for vedação vertical interna ou externa com função estrutural, o projeto deve seguir a Norma Brasileira específica do sistema adotado. No caso de alvenaria estrutural, apresentar memorial de cálculo completo. Para SVVIE sem função estrutural não se aplica.	Análise de projeto	Projetista de estrutura	Declaração em projeto
7.2. Deslocamentos, fissuração e ocorrência de falhas nos SVVIE			
7.2.1: Limitação de deslocamentos e fissuração Os SVVIE que possuem função estrutural devem atender à NBR 15575-2 em relação a cálculos ou ensaios. O projeto deve mencionar a função estrutural ou não dos SVVIE, indicando as Normas Brasileiras aplicáveis para cada um. Análise de projeto de arquitetura para SVVIE sem função estrutural	Análise de projeto	Projetista de arquitetura	Declaração em projeto
Análise de projeto estrutural para SVVIE com função estrutural.	Análise de projeto	Projetista de estrutura	Memorial de cálculo
7.3. Solicitações de cargas provenientes de peças suspensas atuantes nos SVVIE			
7.3.1: Capacidade de suporte para peças suspensas	Análise de projeto	Projetista de arquitetura	Declaração em projeto/ Manual de uso, operação e manutenção

PARTE 4: SISTEMAS DE VEDAÇÕES VERTICAIS INTERNAS E EXTERNAS – SVVIE			
Verificação	**Avaliação**	**Responsável**	**Comprovação**
O SVVIE da edificação habitacional, com ou sem função estrutural, sob ação de cargas devidas a peças suspensas, não devem apresentar fissuras, deslocamentos horizontais instantâneos ou deslocamentos residuais, lascamentos ou rupturas, nem permitir o arrancamento dos dispositivos de fixação nem seu esmagamento. Premissas de projeto: cargas de uso e local que podem ser aplicadas (indicado em planta) e dispositivos e sistemas de fixação e seu detalhamento (mão-francesa, parafuso etc.).	Análise de projeto	Projetista de arquitetura	Declaração em projeto/ Manual de uso, operação e manutenção
Seguir premissas do Anexo A da NBR 15575-4 para o ensaio.	Ensaio	Construtor	Laudo de ensaio
7.4. Impacto de corpo-mole nos SVVIE, com ou sem função estrutural			
7.4.1: Resistência a impactos de corpo-mole O SVVIE deve atender aos seguintes critérios: Não sofrer rupturas ou instabilidade, que caracterize o estado-limite último, para as energias de impacto correspondentes às indicadas nas tabelas 3 e 4 da NBR 15575-4. Não apresentar fissuras, escamações, delaminações ou qualquer outro tipo de falha que possa comprometer o estado de utilização, observando ainda os limites de deslocamentos instantâneos e residuais indicados nas tabelas 3 e 4 da NBR 15575-4. Não provocar danos a componentes, instalações ou aos acabamentos acoplados ao SVVIE, de acordo com as energias de impacto indicadas nas tabelas 3 e 4 da NBR 15575-4.	Análise de projeto	Projetista de arquitetura	Declaração em projeto

PARTE 4: SISTEMAS DE VEDAÇÕES VERTICAIS INTERNAS E EXTERNAS – SVVIE			
Verificação	Avaliação	Responsável	Comprovação
Premissas de projeto: assegurar a fácil reposição dos materiais de revestimento utilizados e explicitar que o revestimento interno da parede de fachada multicamada não é parte integrante da estrutura da parede, nem considerado no contraventamento. Esse ensaio deve ser realizado de acordo com a NBR 11675.	Ensaio	Construtor	Laudo de ensaio
7.5. Ações transmitidas por portas			
7.5.1: Ações transmitidas por portas internas ou externas O SVVIE deve atender aos itens abaixo: Quando as portas forem submetidas a dez operações de fechamento brusco, as paredes não podem apresentar falhas. Sob a ação de um impacto de corpo mole com energia de 240 J, aplicado no centro geométrico da folha da porta, não pode ocorrer arrancamento do marco, nem ruptura ou perda de estabilidade da parede. Seguir premissas do Anexo A da NBR 15575-2.	Ensaio	Construtor	Laudo de ensaio
7.6. Impacto de corpo duro nos SVVIE, com ou sem função estrutural			
7.6.1: Resistência a impactos de corpo duro O SVVIE deve atender aos critérios abaixo quando sob a ação de impactos de corpo duro: Não apresentar fissuras, escamações, delaminações ou qualquer outro tipo de dano.	Ensaio	Construtor	Laudo de ensaio

PARTE 4: SISTEMAS DE VEDAÇÕES VERTICAIS INTERNAS E EXTERNAS – SVVIE			
Verificação	Avaliação	Responsável	Comprovação
Não apresentar ruptura ou traspassamento sob ação dos impactos de corpo duro indicados nas tabelas 7 e 8 da NBR 15575-4. Esse ensaio deve ser realizado de acordo com o Anexo B da NBR 15575-4 ou NBR 11675.	Ensaio	Construtor	Laudo de ensaio
7.7. Cargas de ocupação incidentes em guarda-corpos e parapeitos de janelas			
7.7.1: Ações estáticas horizontais, estáticas verticais e de impactos incidentes em guarda-corpos e parapeitos Os guarda-corpos de edificações habitacionais devem atender ao disposto na NBR 14718, em relação aos esforços mecânicos e demais disposições previstas. Detalhamento em projeto dos guarda-corpos e de sua fixação. Não sendo necessário realizar ensaios dos guarda-corpos.	Análise de projeto	Projetista estrutural	Declaração em projeto
Para os parapeitos, seguir métodos para ensaios de impacto previstos na NBR 15575-4.	Ensaio	Construtor	Laudo de ensaio

8. Segurança contra incêndio

Requisito 8.2 – Dificultar a ocorrência da inflamação generalizada

Critério 8.2.1: Avaliação da reação ao fogo da face interna dos sistemas de vedações verticais e respectivos miolos isolantes térmicos e absorventes acústicos

As listas 1 e 2 sugerem que as superfícies internas das vedações verticais externas (fachadas), ambas as superfícies das vedações verticais internas e os materiais empregados no meio das paredes (internas/externas), classifiquem-se de acordo com o item 8.2.1 da NBR 15575-4. Como método de avaliação é indicado um ensaio, a ser realizado pelo construtor, comprovado por laudo do fornecedor. Esse ensaio deve considerar as premissas da NBR 9442[46] ou da NBR 15575-3.

Requisito 8.3 – Dificultar a propagação do incêndio

Critério 8.3.1: Avaliação da reação ao fogo da face externa das vedações verticais que compõem a fachada

Para a Lista 2 as superfícies externas das paredes externas (fachadas) devem classificar-se de acordo com o item 8.2.1 da NBR 15575-4. Para método de avaliação o autor indica um ensaio, de responsabilidade do construtor, comprovado por laudo do fornecedor.

A Lista 1 indica que deve ser realizado ensaio de laboratório ou campo, considerando as premissas da NBR 9442[47] ou NBR 15575-3. Ainda, comenta que as vedações externas (fachadas) da edificação devem classificar-se como I ou II B (tabelas 9 e 10 da NBR 15575-4).

Para este livro será considerada a opinião de Lista 1, sendo o método de avaliação o ensaio, de responsabilidade do construtor, comprovado por laudo do fornecedor.

Requisito 8.4 – Dificultar a propagação do incêndio e preservar a estabilidade estrutural da edificação

Critério 8.4.1: Resistência ao fogo de elementos estruturais e de compartimentação

Para as listas 1 e 2, os elementos de vedação vertical que integram as edificações habitacionais devem atender à NBR 14432[48] para controlar os riscos de propagação e preservar a estabilidade estrutural da edificação em situação de incêndio. Para avaliação é sugerido um ensaio de responsabilidade do construtor, comprovado com laudo de ensaio, e uma análise de projeto, pelo projetista de estrutura, comprovada com uma declaração em projeto. Para elementos com função estrutural deve-se realizar ensaio

---

[46] ASSOCIAÇÃO BRASILEIRA DE NORMAS TÉCNICAS. **NBR 9442: Materiais de construção** – Determinação do índice de propagação superficial de chama pelo método do painel radiante – Método de ensaio. Rio de Janeiro, 2019.

[47] *Idem.*

[48] ASSOCIAÇÃO BRASILEIRA DE NORMAS TÉCNICAS. **NBR 14432: Exigências de resistência ao fogo de elementos construtivos de edificações** – Procedimento. Rio de Janeiro, 2001.

conforme a NBR 5628[49]. Para elementos sem função estrutural deve-se comprovar por meio de ensaios especificados pela NBR 10636-1[50] ou por métodos analíticos, segundo a NBR 15200[51] (para estruturas de concreto) ou a NBR 14323[52] (para estruturas de aço).

PARTE 4: SISTEMAS DE VEDAÇÕES VERTICAIS INTERNAS E EXTERNAS – SVVIE			
Verificação	Avaliação	Responsável	Comprovação
8. Segurança contra incêndio			
8.2. Dificultar ocorrência de inflamação generalizada			
8.2.1: Avaliação da reação ao fogo da face interna dos sistemas de vedações verticais e respectivos miolos isolantes térmicos e absorventes acústicos As superfícies internas das vedações verticais externas (fachadas), ambas as superfícies das vedações verticais internas e os materiais empregados no meio das paredes (internas/externas), devem classificar-se de acordo com o item 8.2.1 da NBR 15575-4. Considerar premissas da NBR 9442 ou NBR 15575-3 para ensaio.	Ensaio	Construtor	Laudo do fornecedor

---

[49] ASSOCIAÇÃO BRASILEIRA DE NORMAS TÉCNICAS. **NBR 5628: Componentes construtivos estruturais** – Determinação da resistência ao fogo. Rio de Janeiro, 2022.

[50] ASSOCIAÇÃO BRASILEIRA DE NORMAS TÉCNICAS. **NBR 10636-1: Componentes construtivos não estruturais** - Ensaio de resistência ao fogo. Parte 1: Paredes e divisórias de compartimentação. Rio de Janeiro, 2022.

[51] ASSOCIAÇÃO BRASILEIRA DE NORMAS TÉCNICAS. **NBR 15200: Projeto de estruturas de concreto em situação de incêndio.** Rio de Janeiro, 2012.

[52] ASSOCIAÇÃO BRASILEIRA DE NORMAS TÉCNICAS. **NBR 14323: Projeto de estruturas de aço e de estruturas mistas de aço e concreto de edifícios em situação de incêndio.** Rio de Janeiro, 2013.

PARTE 4: SISTEMAS DE VEDAÇÕES VERTICAIS INTERNAS E EXTERNAS – SVVIE			
Verificação	Avaliação	Responsável	Comprovação
8.3. Dificultar a propagação do incêndio			
8.3.1: Avaliação da reação ao fogo da face externa das vedações verticais que compõem a fachada As vedações externas (fachadas) da edificação devem classificar-se como I ou II B, classificações que se encontram nas tabelas 9 e 10 da NBR 15575-4. Considerar premissas da NBR 9442 ou NBR 15575-3 para ensaio.	Ensaio	Construtor	Laudo do fornecedor
8.4. Dificultar a propagação do incêndio e preservar a estabilidade estrutural da edificação			
8.4.1: Resistência ao fogo de elementos estruturais e de compartimentação	Ensaio	Construtor	Laudo de ensaio
Os elementos de vedação vertical que integram as edificações habitacionais devem atender ao tempo requerido de resistência ao fogo para os elementos de vedação da edificação conforme NBR 14432, para controlar os riscos de propagação e preservar a estabilidade estrutural da edificação em situação de incêndio. Para elementos com função estrutural deve-se realizar ensaio conforme a NBR 5628. Para elementos sem função estrutural deve-se comprovar por meio de ensaios especificados pela NBR 10636-1 ou por métodos analíticos segundo a NBR 15200 (estruturas de concreto) ou NBR 14323 (estruturas de aço).	Análise de projeto	Projetista de estrutura	Declaração em projeto

9. Uso e operação

Esta parte da norma não estabelece requisitos isolados de uso e operação para SVVIE.

10. Estanqueidade

Requisito 10.1 – Infiltração de água nos sistemas de vedações verticais externas (fachadas)

Critério 10.1.1: Estanqueidade à água de chuva, considerando-se a ação dos ventos, em sistemas de vedações verticais externas (fachadas)

Para a Lista 2, considerando as condições das tabelas 11 e 12 da NBR 15575-4, os SVVE da edificação habitacional devem permanecer estanques. Como método de avaliação é sugerido um ensaio, a ser realizado pelo construtor e comprovado por meio de laudo de ensaio, e também uma análise de projeto, de responsabilidade do projetista específico, comprovada por meio de solução descrita em projeto.

Já para a Lista 1, o projeto deve indicar os detalhes construtivos para as interfaces e juntas entre componentes, a fim de facilitar o escoamento da água, evitando a penetração para dentro da edificação. No projeto também devem constar obras de proteção no perímetro da construção, evitando o acúmulo de água nas bases da fachada. Há necessidade de realizar ensaio laboratorial conforme Anexo C e item 10.1.1 da NBR 15575-4, e também conforme item 10.1.1.2 da mesma norma, seguindo, ainda, a NBR 10821-2[53], que trata das especificações para as esquadrias externas.

Para este livro será considerada parcialmente a opinião da Lista 1, utilizando como método de avaliação a análise de projeto ou ensaio da esquadria externa, de responsabilidade do fornecedor, comprovado por projeto ou laudo da esquadria, e uma análise de projeto, de responsabilidade do projetista de arquitetura, comprovada por meio dos detalhamentos em projeto (pingadeiras, junta entre vedação e abertura etc.).

Requisito 10.2 – Umidade nas vedações verticais externas e internas decorrente da ocupação do imóvel

Critério 10.2.1: Estanqueidade de vedações verticais internas e externas com incidência direta de água – Áreas molhadas

---

[53] ASSOCIAÇÃO BRASILEIRA DE NORMAS TÉCNICAS. **NBR 10821-2: Esquadrias externas** – Requisitos e classificação. Rio de Janeiro, 2017.

Segundo a Lista 2, a quantidade de água que penetra deve atender ao critério de não ser superior a 3 cm³, por um período de 24 h, em uma área exposta com dimensões de 34 cm x 16 cm, conforme ensaio descrito no Anexo D da NBR 15575-4. Como método de avaliação é sugerido um ensaio, de responsabilidade do construtor, comprovado com laudo, e também uma análise de projeto, a ser realizada pelo projetista específico e comprovada com solução descrita em projeto.

A Lista 1 propõe as mesmas premissas que a Lista 2. Neste livro é acrescentado que no projeto devam constar os detalhes executivos dos pontos de interface entre os sistemas (piso e vedações).

Critério 10.2.2: Estanqueidade de vedações verticais internas e externas em contato com áreas molháveis

A Lista 2 sugere que as vedações internas e externas devem atender ao critério de não ocorrer presença de umidade perceptível nos ambientes contíguos, desde que respeitadas as condições de ocupação e manutenção previstas em projeto. Como método de avaliação deve ser realizada uma inspeção em campo (pós-obra) pelo construtor, comprovada com relatório de inspeção, e também uma análise de projeto pelo projetista de arquitetura, comprovada com uma solução descrita em projeto.

A Lista 1 ainda acrescenta que a inspeção visual deve ser realizada a 1 m de distância da parede, não admitindo qualquer ocorrência de umidade nas áreas molháveis, como cozinha, lavabo e sacada coberta.

PARTE 4: SISTEMAS DE VEDAÇÕES VERTICAIS INTERNAS E EXTERNAS SVVIE			
Verificação	Avaliação	Responsável	Comprovação
10. Estanqueidade			
10.1. Infiltração de água nos SVVE			
10.1.1: Estanqueidade à água de chuva, considerando-se a ação dos ventos, em sistemas de vedações verticais externas (fachadas)	Análise de projeto ou ensaio	Fornecedor	Projeto (esquadria) ou laudo de ensaio (esquadria)
O projeto deve indicar os detalhes construtivos para as interfaces e juntas entre componentes, a fim de facilitar o escoamento da água, evitando a penetração para dentro da edificação. No projeto também devem constar obras de proteção no perímetro da construção, evitando o acúmulo de água nas bases da fachada. Detalhar as pingadeiras, junta entre vedação e abertura etc. Deve-se apresentar projeto ou realizar ensaio de tipo em laboratório, de acordo com a ABNT NBR 10821-3,para a verificação da estanqueidade à água de esquadrias.	Análise de projeto	Projetista de arquitetura	Detalhamento em projeto
10.2. Umidade nas VVIE decorrentes da ocupação do imóvel			
10.2.1: Estanqueidade de vedações verticais internas e externas com incidência direta de água – Áreas molhadas A quantidade de água que penetra deve atender ao critério de não ser superior a 3 cm³, por um período de 24h, em uma área exposta com dimensões de 34 cm x 16 cm, conforme ensaio descrito no Anexo D da NBR 15575-4.	Ensaio	Construtor	Laudo de ensaio

PARTE 4: SISTEMAS DE VEDAÇÕES VERTICAIS INTERNAS E EXTERNAS SVVIE			
Verificação	Avaliação	Responsável	Comprovação
No projeto devem constar os detalhes executivos dos pontos de interface entre os sistemas (pisos e vedações).	Análise de projeto	Projetista específico	Solução descrita em projeto
10.2.2: Estanqueidade de vedações verticais internas e externas em contato com áreas molháveis As vedações internas e externas devem atender ao critério de não ocorrer presença de umidade perceptível nos ambientes contíguos, desde que respeitadas as condições de ocupação e manutenção previstas em projeto.	Inspeção	Construtor	Relatório de inspeção
A inspeção visual deve ser realizada a 1 m de distância da parede, não admitindo qualquer ocorrência de umidade.	Análise de projeto	Projetista de arquitetura	Solução descrita em projeto

11. Desempenho térmico

equisito 11.2 – Adequação de paredes externas

Critério 11.2.1: Transmitância térmica de paredes externas

Para a Lista 2, as paredes externas devem possuir valores máximos admissíveis de transmitância térmica (U) menores que os apresentados na Tabela 13 da NBR 15575-4. Como avaliação, sugere-se o procedimento simplificado (o qual foi significativamente alterado na versão de 2021), realizado pelo projetista de arquitetura e comprovada com solução descrita em projeto.

A Lista 1 indica que a transmitância térmica do sistema de vedação deve ser menor ou igual a 2,5 W/m².K, utilizando como método de avaliação a análise de projeto.

Neste livro será considerada a Lista 1, sendo a análise de projeto de responsabilidade do projetista de arquitetura, que deve ser comprovada por declaração e detalhamento em projeto.

Critério 11.2.2: Capacidade térmica de paredes externas

Para a Lista 2, as paredes externas devem possuir valores acima dos mínimos admissíveis para a capacidade térmica que os apresentados da Tabela 14 da NBR 15575-4. Como avaliação, sugere-se o procedimento simplificado (o qual foi significativamente alterado na versão de 2021), realizado pelo projetista de arquitetura e comprovada com solução descrita em projeto.

A Lista 1 indica que a capacidade térmica do sistema de vedação deve ser menor ou igual a 130 kJ/m².K, utilizando como método de avaliação a análise de projeto.

Neste livro será considerada a Lista 1, sendo a análise de projeto de responsabilidade do projetista de arquitetura, que deve ser comprovada por declaração e detalhamento em projeto.

Requisito 11.3 – Aberturas para ventilação

Critério 11.3.1: Aberturas para ventilação

As listas 1 e 2 sugerem que os ambientes de permanência prolongada devem possuir aberturas para ventilação com áreas que atendam à legislação específica do local da obra, sendo utilizada como avaliação a análise de projeto pelo projetista de arquitetura e comprovada por solução descrita em projeto.

Para este livro, esse critério será considerado atendido quando a obra possuir habite-se. Assim, admite-se que a obra respeitou o Código de Obras do município, o qual impõe as áreas mínimas das aberturas para ventilação. Como método de avaliação é considerada a análise de projeto, de responsabilidade do construtor, comprovada com a apresentação do habite-se.

PARTE 4: SISTEMAS DE VEDAÇÕES VERTICAIS INTERNAS E EXTERNAS – SVVIE			
Verificação	Avaliação	Responsável	Comprovação
11. Desempenho térmico			
11.2. Adequação de paredes externas			
11.2.1: Transmitância térmica de paredes externas A transmitância térmica do sistema de vedação deve ser: U ≤ 2,5 W/m².K, conforme o procedimento simplificado (o qual foi significativamente alterado na versão de 2021) apresentado no item 11.1 da NBR 15575-1	Análise de projeto	Projetista de arquitetura	Declaração e detalhamento em projeto
11.2.2: Capacidade térmica de paredes externas A capacidade térmica do sistema de vedação deve ser: C ≥ 130 kJ/m².K, conforme o procedimento simplificado (o qual foi significativamente alterado na versão de 2021) apresentado no item 11.1 da NBR 15575-1	Análise de projeto	Projetista de arquitetura	Declaração e detalhamento em projeto
11.3. Aberturas para ventilação			
11.3.1: Aberturas para ventilação Os ambientes de permanência prolongada devem possuir aberturas para ventilação com áreas que atendam à legislação específica do local da obra. A obra deve possuir habite-se, seguindo as recomendações do Código de Obras do município.	Análise de projeto	Construtor	Apresentação do habite-se

12. Desempenho acústico
Requisito 12.3 – Níveis de ruído admitidos na habitação

Critério 12.3.1: Diferença padronizada de nível ponderada, promovida pela vedação externa (fachada e cobertura, no caso de casas térreas e sobrados, e somente fachada, nos edifícios multipiso), verificada em ensaio de campo

Para as listas 1 e 2, os dormitórios da unidade habitacional devem ser avaliados em relação à fachada externa, seguindo a Tabela 17 da NBR 15575-4. É indicado como método de avaliação um ensaio, de responsabilidade do construtor, comprovado por meio de laudo de ensaio.

Critério 12.3.2: Diferença padronizada de nível ponderada, promovida pela vedação entre ambientes, verificada em ensaio de campo

As listas 1 e 2 sugerem a realização dos métodos de verificação do item 12.2.1 e a conferência dos valores mínimos, conforme a Tabela 18 da NBR 15575-4. É indicado como método de avaliação um ensaio de responsabilidade do construtor, comprovado por meio de laudo de ensaio.

PARTE 4: SISTEMAS DE VEDAÇÕES VERTICAIS INTERNAS E EXTERNAS – SVVIE			
Verificação	Avaliação	Responsável	Comprovação
12. Desempenho acústico			
12.3. Níveis de ruídos permitidos na habitação			
12.3.1: Diferença padronizada de nível ponderada, promovida pela vedação externa (fachada e cobertura, no caso de casas térreas e sobrados, e somente fachada, nos edifícios multipiso), verificada em ensaio de campo Os dormitórios da unidade habitacional devem ser avaliados em relação à fachada externa, seguindo a Tabela 17 da NBR 15575-4. Classe I: ≥ 20dB quando a habitação estiver localizada distante de fontes de ruído intenso de quaisquer naturezas. Classe II: ≥ 25dB quando a habitação estiver localizada em áreas sujeitas a situações de ruído não enquadráveis nas classes I e III. Classe III: ≥ 30dB quando a habitação estiver localizada em áreas sujeitas a ruído intenso de meios de transporte e de outras naturezas, desde que esteja de acordo com a legislação.	Ensaio	Construtor	Laudo de ensaio

PARTE 4: SISTEMAS DE VEDAÇÕES VERTICAIS INTERNAS E EXTERNAS – SVVIE			
Verificação	Avaliação	Responsável	Comprovação
12.3.2: Diferença padronizada de nível ponderada, promovida pela vedação entre ambientes, verificada em ensaio de campo Realização dos métodos de verificação do item 12.2.1 e a conferência dos valores mínimos conforme a Tabela 18 da NBR 15575-4: ≥ 40 dB para paredes entre unidades habitacionais autônomas (parede de geminação), nas situações em que não haja ambiente dormitório. ≥ 45 dB para paredes entre unidades habitacionais autônomas (parede de geminação), no caso de pelo menos um dos ambientes ser dormitório. ≥ 40 dB para paredes cegas de dormitórios entre uma unidade habitacional e áreas comuns de trânsito eventual, como corredores e escadaria dos pavimentos. ≥ 45 dB para parede cega entre uma unidade habitacional e áreas comuns de permanência de pessoas, atividades de lazer e atividades esportivas. ≥ 40 dB para conjunto de paredes e portas de unidades distintas separadas pelo hall.	Ensaio	Construtor	Laudo de ensaio

13. Desempenho lumínico

Esta parte da norma não estabelece requisitos isolados de desempenho lumínico para SVVIE.

14. Durabilidade e manutenibilidade Requisito 14.1 – Paredes externas – SVVE

Critério 14.1.1: Ação de calor e choque térmico

A Lista 2 indica que as paredes externas, incluindo seus revestimentos, quando submetidas a dez ciclos sucessivos de exposição ao calor e resfriamento, devem atender aos critérios citados abaixo:

- Não apresentar deslocamento horizontal instantâneo, no plano perpendicular ao corpo de prova, superior a h/300, sendo h a altura do corpo de prova.

- Não apresentar a ocorrência de falhas, como fissuras, destacamentos, empolamentos, descoloramentos e outros danos que possam comprometer a utilização do SVVE.

A Lista 1 propõe as mesmas premissas que a Lista 2 e indica como método de avaliação um ensaio, de responsabilidade do construtor, comprovado por meio de laudo de ensaio. Acrescenta, ainda, a necessidade do ensaio seguir as indicações do Anexo E da NBR 15575-4.

Requisito 14.2 – Vida útil de projeto dos sistemas de vedações verticais internas e externas

Critério 14.2.1: Vida útil de projeto

As listas 1 e 2 indicam que o SVVIE da edificação habitacional deve apresentar vida útil de projeto (VUP) igual ou superior aos períodos especificados na NBR 15575-1, ou seja, de 20 anos para o SVVI e de 40 anos para o SVVE, os quais devem ser submetidos a manutenções preventivas e a manutenções corretivas e de conservação previstas no manual de uso, operação e manutenção. Como método de avaliação é sugerida uma análise de projeto, de responsabilidade dos projetistas de arquitetura, estrutura e de instalações e do construtor, comprovada por declaração em projeto.

Requisito 14.3 – Manutenibilidade dos sistemas de vedações verticais internas e externas

Critério 14.3.1: Manual de operação, uso e manutenção dos sistemas de vedação vertical

A Lista 2 indica que as manutenções preventivas e com caráter corretivo devem ser previstas e realizadas. Como método de avaliação é indicada uma análise de projeto, de responsabilidade do construtor, comprovada com declaração em projeto.

Já para a Lista 1, deve ser realizada a análise do Manual de uso, operação e manutenção das edificações, considerando as diretrizes gerais da NBR 5674[54] e NBR 14037[55], e as premissas de projeto indicadas no item 14.3.1.2 na NBR 15575-4, sobre a especificação em projeto de todas as condições de uso, operação e manutenção dos sistemas de vedações internas e externas, especialmente com relação a:

- Caixilhos, esquadrias e demais componentes.
- Recomendações gerais para prevenção de falhas e acidentes decorrentes de utilização inadequada.
- Periodicidade, forma de realização e forma de registro de inspeções.
- Periodicidade, forma de realização e forma de registro das manutenções.
- Técnicas, processos, equipamentos especificação e previsão quantitativa de todos os materiais necessários para as diferentes modalidades de manutenção, incluindo-se, não restritivamente, as pinturas, tratamento de fissuras e limpeza.
- Menção às normas aplicáveis.

Para este livro será considerada a Lista 1, sendo o método de avaliação a análise de projeto, baseada na confirmação das informações do Manual de uso, operação e manutenção.

---

[54] ASSOCIAÇÃO BRASILEIRA DE NORMAS TÉCNICAS. **NBR 5674: Manutenção de edificações** – Requisitos para o sistema de gestão de manutenção. Rio de Janeiro, 2024.

[55] ASSOCIAÇÃO BRASILEIRA DE NORMAS TÉCNICAS. **NBR 14037: Diretrizes para elaboração de manuais de uso, operação e manutenção das edificações** – Requisitos para elaboração e apresentação dos conteúdos. Rio de Janeiro, 2024.

PARTE 4: SISTEMAS DE VEDAÇÕES VERTICAIS INTERNAS E EXTERNAS – SVVIE			
Verificação	Avaliação	Responsável	Comprovação
14. Durabilidade e manutenibilidade			
14.1. Paredes externas – SVVE			
14.1.1: Ação de calor e choque térmico As paredes externas, incluindo seus revestimentos, submetidas a dez ciclos sucessivos de exposição ao calor e resfriamento, devem atender aos critérios citados abaixo: Não apresentar deslocamento horizontal instantâneo, no plano perpendicular ao corpo de prova, superior a h/300, sendo h a altura do corpo de prova. Não apresentar a ocorrência de falhas, como fissuras, destacamentos, empolamentos, descoloramentos e outros danos que possam comprometer a utilização do SVVE. O autor indica como método de avaliação um ensaio, de responsabilidade do construtor e comprovado por meio de laudo sistêmico. O ensaio deve seguir as premissas do Anexo E da NBR 15575-4.	Ensaio	Construtor	Laudo de ensaio
14.2. Vida útil do projeto dos SVVIE			
14.2.1: Vida útil de projeto O SVVIE da edificação habitacional deve apresentar vida útil de projeto (VUP) igual ou superior aos períodos especificados no Anexo C NBR 15575-1 e devem ser submetidos a manutenções preventivas e a manutenções corretivas e de conservação, previstas no manual de uso, operação e manutenção. Caso não haja declaração do valor da VUP, admite-se o valor mínimo especificado na norma mencionada.	Análise de projeto	Projetista de estrutura, arquitetura e instalações	Declaração em projeto

PARTE 4: SISTEMAS DE VEDAÇÕES VERTICAIS INTERNAS E EXTERNAS – SVVIE			
Verificação	Avaliação	Responsável	Comprovação
A vida útil do SVVI é de, no mínimo, 20 anos, e do SVVE de, no mínimo, 40 anos, segundo a NBR 15575-1.	Análise de projeto	Projetista de estrutura, arquitetura e instalações	Declaração em projeto
14.3. Manutenibilidade dos SVVIE			
14.3.1: Manual de operação, uso e manutenção dos sistemas de vedação vertical	Análise de projeto	Construtor/ incorporador	Manual de uso, operação e manutenção
Realizar análise do manual de uso, operação e manutenção das edificações, considerando as diretrizes gerais da NBR 5674 e NBR 14037. Ainda, especificar em projeto todas as condições de uso, operação e manutenção dos sistemas de vedações verticais internas e externas, especialmente com relação a: a) caixilhos, esquadrias e demais componentes; b) recomendações gerais para prevenção de falhas e acidentes decorrentes de utilização inadequada (fixação de peças suspensas com peso incompatível com o sistema de paredes, abertura de vãos em paredes com função estrutural, limpeza de pinturas, travamento impróprio de janelas tipo guilhotina e outros); c) periodicidade, forma de realização e forma de registro de inspeções; d) periodicidade, forma de realização e forma de registro das manutenções; e) técnicas, processos, equipamentos, especificação e previsão quantitativa de todos os materiais necessários para as diferentes modalidades de manutenção, incluindo-se, não restritivamente, as pinturas, tratamento de fissuras e limpeza; f) menção às normas aplicáveis.	Análise de projeto	Construtor/ incorporador	Manual de uso, operação e manutenção

15. Saúde, higiene e qualidade do ar

Esta parte da norma não estabelece requisitos isolados de saúde, higiene e qualidade do ar para SVVIE.

16. Funcionalidade e acessibilidade

Esta parte da norma não estabelece requisitos isolados de funcionalidade e acessibilidade para SVVIE.

17. Conforto tátil e antropodinâmico

Esta parte da norma não estabelece requisitos isolados de conforto tátil e antropodinâmico para SVVIE.

18. Adequação ambiental

Esta parte da norma não estabelece requisitos isolados de adequação ambiental para SVVIE.

2.6 PARTE 5: REQUISITOS PARA SISTEMAS DE COBERTURAS

7. Desempenho estrutural

Requisito 7.1 – Resistência e deformabilidade

Critério 7.1.1: Comportamento estático

A Lista 2 indica que o Sistema de Coberturas (SC) da edificação habitacional deve ser projetado, construído e montado de forma a atender aos requisitos 7.2.1 e 7.3.1 da NBR 15575-2, e sugere como método de avaliação um ensaio, de responsabilidade do construtor, comprovado com laudo do fornecedor, e uma análise de projeto, pelo projetista de estrutura, comprovada com declaração em projeto.

A Lista 1 comenta que o SC da edificação deve ser projetado, construído e montado de forma a atender dois fatores (a. dar condições de manutenibilidade e montagem; b. ter resistência a cargas dinâmicas), e sugere análise de projeto, na qual deve constar a especificação dos insumos, componentes e os planos de montagem.

Para este livro será considerada a opinião da Lista 1, sendo utilizada como método de avaliação a análise de projeto, de responsabilidade do projetista de estrutura, mas comprovada somente por declaração em projeto.

Critério 7.1.2: Risco de arrancamento de componentes do SC sob ação do vento

A Lista 2 comenta que, sob ação do vento, calculada de acordo com NBR 6123[56], o SC deve atender ao critério de não ocorrência de remoção ou de danos de componentes sujeitos a esforços de sucção. Daí sugere um ensaio de responsabilidade do construtor, comprovado por meio de laudo do fornecedor, e uma análise de projeto, realizada pelo projetista de estrutura e comprovada por meio de declaração em projeto.

A Lista 1 compartilha da mesma opinião que a Lista 2 e aconselha a seguir o roteiro de cálculo presente no Anexo J da NBR 15575-5. Como método de avaliação sugere apenas análise de projeto.

Para este livro serão mescladas as opiniões das listas 1 e 2. Para atendimento do critério é indicada a análise de projeto, de responsabilidade do projetista de estrutura, comprovada por declaração em projeto, contendo o memorial de cálculo do SC.

Requisito 7.2 – Solicitações de montagem ou manutenção

Critério 7.2.1: Cargas concentradas

As listas 1 e 2 comentam que as estruturas principal e secundária, sendo treliçadas ou reticuladas, devem suportar a ação de carga vertical concentrada de 1 kN, aplicada na seção mais desfavorável, sem que ocorram falhas ou que sejam superados os critérios limites de deslocamento em função do vão. O método de avaliação indicado é o mesmo do critério 7.1.2.

Para este livro será considerada como método de avaliação a análise de projeto, de responsabilidade do projetista de estrutura, comprovada por meio de memorial de cálculo das estruturas da cobertura. Para casos especiais deve-se realizar ensaio.

Critério 7.2.2: Cargas concentradas em sistemas de cobertura acessíveis aos usuários

Nenhuma das listas traz recomendações para este critério. Porém, a NBR 15575-5 indica que esse tipo de SC deve suportar uma ação simultânea de três cargas de 1 kN cada uma, com pontos de aplicação formando um triângulo equilátero com 45 cm de lado, sem que ocorram rupturas ou deslocamentos. A norma indica a execução de ensaio, conforme Anexo A da norma e análise de projeto.

---

[56] ASSOCIAÇÃO BRASILEIRA DE NORMAS TÉCNICAS. **NBR 6123: Forças devidas ao vento em edificações.** Rio de Janeiro, 2023.

Para este livro, o método de avaliação considerado é apenas a análise de projeto, de responsabilidade do projetista de estrutura, comprovada por meio de declaração em projeto.

Requisito 7.3 – Solicitações dinâmicas em sistemas de coberturas e em coberturas-terraço acessíveis aos usuários

Neste livro, os impactos de corpo duro e corpo mole serão considerados pelo requisito 7.4 da NBR 15575-2, por isso não faz parte da lista de verificação.

Requisito 7.4 – Solicitações em forros

Critério 7.4.1: Peças fixadas em forros

A Lista 2 comenta que os forros devem suportar a ação da carga vertical correspondente ao objeto que se pretende fixar (lustres, luminárias), adotando-se coeficiente de majoração superior ou igual a 3. Como método de avaliação é sugerido um ensaio, de responsabilidade do construtor, comprovado com laudo sistêmico.

A Lista 1 cita as mesmas recomendações que a Lista 2 e acrescenta que para carga de serviço admite-se a ocorrência de deslocamento em até L/600, não podendo ultrapassar 5 mm, sendo L o vão do forro. Também no projeto de forro deve-se indicar a carga máxima a ser suportada pelo elemento ou componente de forro bem como as disposições construtivas e sistemas de fixação dos elementos ou componentes, atendendo às Normas Brasileiras.

Para este livro será considerada a Lista 1, sendo que o método de avaliação adotado é a análise de projeto, de responsabilidade do projetista de arquitetura, comprovado por declaração em projeto da carga que o forro resiste. Também será solicitada, a cargo da construtora, a informação constante no Manual de uso, operação e manutenção.

Requisito 7.5 – Ação do granizo e outras cargas acidentais em telhados

Critério 7.5.1: Resistência ao impacto

As listas 1 e 2 comentam que sob a ação de impactos de corpo duro, o telhado deve atender ao critério de não sofrer ruptura ou transpassamento em face da aplicação de impacto com energia igual a 1,0 J.

Como método de avaliação é sugerido ensaio, conforme Anexo C da NBR 15575-5, de responsabilidade do construtor, comprovado por meio de laudo do fornecedor.

PARTE 5: SISTEMAS DE COBERTURAS – SC			
Verificação	**Avaliação**	**Responsável**	**Comprovação**
7. Desempenho estrutural			
7.1. Resistência e deformabilidade			
7.1.1: Comportamento estático O SC da edificação deve ser projetado, construído e montado de forma a atender a dois fatores: Dar condições de manutenibilidade e montagem. Ter resistência a cargas dinâmicas. Especificação dos insumos, componentes e planos de montagem do SC.	Análise de projeto	Projetista de estrutura	Declaração em projeto
7.1.2: Risco de arrancamento de componentes do SC sob ação do vento Sob ação do vento, calculado de acordo com NBR 6123, o SC deve atender ao critério de não ocorrência de remoção ou de danos de componentes sujeitos a esforços de sucção. Ainda, pode-se seguir o Anexo J da NBR 15575-5 para realizar os cálculos dos esforços atuantes do vento em coberturas.	Análise de projeto	Projetista de estrutura	Declaração em projeto (Memorial de cálculo do SC)
7.2. Solicitações de montagem ou manutenção			
7.2.1: Cargas concentradas As estruturas principal e secundária, sendo treliçadas ou reticuladas, devem suportar a ação de carga vertical concentrada de 1 kN, aplicada na seção mais desfavorável, sem que ocorram falhas ou que sejam superados os critérios limites de deslocamento em função do vão.	Análise de projeto e ensaio para casos especiais	Projetista de estrutura	Memorial de cálculo do SC

PARTE 5: SISTEMAS DE COBERTURAS – SC			
Verificação	**Avaliação**	**Responsável**	**Comprovação**
Indicação da vida útil de projeto do SC e incluir memórias de cálculo estrutural do SC no memorial descritivo.	Análise de projeto e ensaio para casos especiais	Projetista de estrutura	Memorial de cálculo do SC
7.2.2: Cargas concentradas em sistemas de cobertura acessíveis aos usuários Esse tipo de SC deve suportar uma ação simultânea de três cargas de 1 kN cada uma, com pontos de aplicação formando um triângulo equilátero com 45 cm de lado, sem que ocorram rupturas ou deslocamentos.	Análise de projeto	Projetista de estrutura	Declaração em projeto
7.4. Solicitações em forros			
7.4.1: Peças fixadas em forros Os forros devem suportar a ação da carga vertical correspondente ao objeto que se pretende fixar (lustres, luminárias), adotando-se coeficiente de majoração no mínimo igual a 3. Para carga de serviço admite-se a ocorrência de deslocamento em até $L/600$, não podendo ultrapassar 5 mm, sendo L o vão do forro.Também no projeto de forro deve-se indicar a carga máxima a ser suportada pelo elemento ou componente de forro bem como as disposições construtivas e sistemas de fixação dos elementos ou componentes, atendendo às Normas Brasileiras.	Análise de projeto	Projetista de arquitetura	Declaração em projeto
Apresentar no projeto a carga a que o forro resiste.	Análise de Projeto	Construtor	Manual de uso, operação e manutenção

PARTE 5: SISTEMAS DE COBERTURAS – SC			
Verificação	Avaliação	Responsável	Comprovação
7.5. Ação do granizo e outras cargas acidentais em telhados			
7.5.1: Resistência ao impacto Sob a ação de impactos de corpo duro, o telhado deve atender ao critério de não sofrer ruptura ou transpassamento em face da aplicação de impacto com energia igual a 1,0 J. O ensaio deve seguir as premissas do Anexo C da NBR 15575-5.	Ensaio	Construtor	Laudo do fornecedor

8. Segurança contra incêndio

Requisito 8.2 – Reação ao fogo dos materiais de revestimento e acabamento

Critério 8.2.1: Avaliação da reação ao fogo da face interna do sistema de cobertura das edificações

As listas 1 e 2 indicam que a superfície inferior das coberturas e subcoberturas, ambas as superfícies de forros, ambas as superfícies de materiais isolantes térmicos e absorventes acústicos e outros, incorporados ao sistema de cobertura do lado interno da edificação, devem ser classificados como I, II A ou III A, de acordo com a Tabela 1 e/ou 2 da NBR 15575-5. É indicado como método de avaliação um ensaio, de responsabilidade do setor de compras do construtor, comprovado com laudo do fornecedor, e uma análise de projeto, pelo projetista de arquitetura e de instalações, comprovada por meio de especificação técnica e declaração em projeto.

Neste livro, como método de avaliação será considerado o ensaio, de responsabilidade do construtor, comprovado por laudo do fornecedor, lembrando que material cerâmico é incombustível, portanto não precisa de ensaio/laudo.

Critério 8.2.2: Avaliação da reação ao fogo da face externa do sistema de cobertura das edificações

As listas 1 e 2 indicam que a avaliação da resistência ao fogo da face externa do sistema de cobertura das edificações deve ser classificada como I, II ou III, de acordo com a Tabela 3 da NBR 15575-5, e como método de avaliação um ensaio, de responsabilidade do setor de compras do construtor, comprovado com laudo do fornecedor, e uma análise de projeto, pelo projetista de arquitetura e de instalações, comprovada por meio de especificação técnica e declaração em projeto.

Para este livro, o método de avaliação será ensaio, de responsabilidade do construtor, comprovado por laudo do fornecedor. Os materiais cerâmicos, fibrocimento e metálico são incombustíveis, portanto não precisam de ensaio/laudo.

Requisito 8.3 – Resistência ao fogo do sistema de cobertura

Critério 8.3.1: Resistência ao fogo do SC

As listas 1 e 2 comentam que a resistência ao fogo da estrutura deve atender aos requisitos da NBR 14432[57] e NBR 5628[58], considerando um valor mínimo de 30 minutos. Como método de avaliação é indicado um ensaio, de responsabilidade do construtor, comprovado por laudo do fornecedor, e uma análise de projeto, pelo projetista de estrutura e de instalações, comprovada por meio de declaração em projeto.

Neste livro, como método de avaliação será considerada a análise de projeto, de responsabilidade do projetista de estrutura, comprovada por meio de declaração em projeto.

PARTE 5: SISTEMAS DE COBERTURAS – SC			
Verificação	Avaliação	Responsável	Comprovação
8. Segurança contra incêndio			
8.2. Reação ao fogo dos materiais de revestimento e acabamento			
8.2.1: Avaliação da reação ao fogo da face interna do sistema de cobertura das edificações	Ensaio	Construtor	Laudo do fornecedor

---

[57] ASSOCIAÇÃO BRASILEIRA DE NORMAS TÉCNICAS. **NBR 14432: Exigências de resistência ao fogo de elementos construtivos de edificações** – Procedimento. Rio de Janeiro, 2001.

[58] ASSOCIAÇÃO BRASILEIRA DE NORMAS TÉCNICAS. **NBR 5628: Componentes construtivos estruturais** – Determinação da resistência ao fogo. Rio de Janeiro, 2022.

PARTE 5: SISTEMAS DE COBERTURAS – SC			
Verificação	Avaliação	Responsável	Comprovação
A superfície inferior das coberturas e subcoberturas, ambas as superfícies de forros, ambas as superfícies de materiais isolantes térmicos e absorventes acústicos e outros, incorporados ao sistema de cobertura do lado interno da edificação, devem ser classificados como I, II A ou III A, de acordo com a Tabela 1 ou 2 da NBR 15575-5. Os materiais devem ter índice de propagação superficial de chama ínfimo sendo < 25 ou, de preferência, incombustível. O projeto do SC deve estabelecer os indicadores de reação ao fogo de cada componente de forma isolada e descrever as implicações na propagação de chamas e geração de fumaça.	Ensaio	Construtor	Laudo do fornecedor
8.2.2: Avaliação da reação ao fogo da face externa do sistema de cobertura das edificações. A avaliação da resistência ao fogo da face externa do sistema de cobertura das edificações deve ser classificada como I, II ou III, de acordo com a Tabela 3 da NBR 15575-5. Os materiais cerâmicos, fibrocimento e metálico são incombustíveis, portanto não precisam de ensaio/laudo.	Ensaio	Construtor	Laudo do fornecedor
8.3. Resistência ao fogo do SC			
8.3.1: Resistência ao fogo do SC A resistência ao fogo da estrutura deve atender aos requisitos da NBR 14432, considerando um valor mínimo de 30 minutos.	Análise de projeto	Projetista de estrutura	Declaração em projeto

9. Segurança no uso e na operação
Requisito 9.1 – Integridade do sistema de cobertura

Critério 9.1.1: Risco de deslizamento de componentes

A Lista 2 indica que, sob ação do próprio peso e sobrecarga de uso, eventuais deslizamentos dos componentes não devem permitir a perda da estanqueidade do SC. É indicado como método de avaliação um ensaio, de responsabilidade do setor de compras do construtor, comprovado com laudo do fornecedor, e uma análise de projeto, pelo projetista de arquitetura, comprovada por meio de especificação técnica, sendo essa especificação o caimento do SC no projeto, e também uma análise de projeto, pelo projetista de estrutura, comprovada por meio de solução descrita em projeto.

A Lista 1 comenta que deve haver segurança no SC mediante garantia da não ocorrência de destacamento de telhas, partes soltas ao longo do tempo, que podem ocorrer em função de uma ação do peso próprio excessiva não calculada ou sobrecargas em situações de manutenção. Como método de avaliação sugere-se a análise de projeto, levando em conta o cálculo de cargas previstas e inclinações da cobertura, bem como a inspeção de campo ou protótipo de condições de montagem sob as metodologias do Anexo E da NBR 15575-5.

Para este livro será considerada parcialmente a Lista 1, sendo o método de avaliação a análise de projeto, de responsabilidade do projetista de estrutura, comprovada por declaração em projeto.

Requisito 9.2 – Manutenção e operação

Critério 9.2.1: Guarda-corpos em coberturas e terraços acessíveis aos usuários

A Lista 2 indica que os guarda-corpos em coberturas acessíveis aos usuários destinados a terraços, jardins e similares devem estar de acordo com a NBR 14718[59]. Como método de avaliação é indicado um ensaio, de responsabilidade do construtor, comprovado por meio de laudo sistêmico, e também uma análise de projeto, por parte do projetista de arquitetura, comprovada com especificação técnica.

---

[59] ASSOCIAÇÃO BRASILEIRA DE NORMAS TÉCNICAS. **NBR 14718: Guarda-corpos para edificação**. Rio de Janeiro, 2019.

A Lista 1 cita as mesmas recomendações que a Lista 2 e acrescenta que, no caso de coberturas que permitam acesso de veículos, o guarda--corpo deve resistir à carga concentrada de intensidade de 25 kN aplicada a 50 cm a partir do piso; em caso de haver barreiras fixas que impeçam o acesso ao guarda-corpo, elas devem resistir às mesmas cargas.

Para este livro será considerada a Lista 1, sendo que o método de avaliação adotado é a análise de projeto, de responsabilidade do projetista de estrutura, comprovada por declaração em projeto.

Critério 9.2.2: Platibandas

A Lista 2 cita que sistemas ou platibandas previstos para sustentar andaimes suspensos ou balancins leves devem suportar a ação dos esforços atuantes no topo e ao longo de qualquer trecho, pela força F (do cabo), majorada conforme NBR 8681[60], associados ao braço de alavanca e à distância entre pontos de apoio, fornecidos ou informados pelo fornecedor do equipamento e dos dispositivos. Como método de avaliação é sugerido um ensaio, realizado pelo construtor e comprovado com laudo sistêmico, e também uma análise de projeto, a ser realizada pelo projetista estrutural, comprovada por meio de solução descrita em projeto, sendo essa a localização dos dispositivos de ancoragem.

A Lista 1 não cita recomendações sobre esse critério. Porém, como método de avaliação será considerada apenas a análise de projeto, de responsabilidade do projetista de estrutura, comprovada por meio do detalhamento das platibandas e especificação dos esforços.

Critério 9.2.3: Segurança no trabalho em sistemas de coberturas inclinadas

A Lista 2 indica que os sistemas de coberturas inclinados com declividade superior a 30% devem ser providos de dispositivo de segurança suportados pela estrutura principal. Como método de avaliação é sugerido um ensaio, realizado pelo construtor e comprovado com laudo sistêmico, e também uma análise de projeto, a ser realizada pelo projetista estrutural e comprovada por meio de solução descrita em projeto.

A Lista 1 não cita recomendações sobre esse critério. Como método de avaliação será considerada uma análise de projeto, de responsabilidade do projetista da cobertura, comprovada por meio do detalhamento das platibandas e especificação dos esforços.

---

[60] ASSOCIAÇÃO BRASILEIRA DE NORMAS TÉCNICAS. **NBR 8681: Ações e segurança nas estruturas –** Procedimento. Rio de Janeiro, 2003.

Critério 9.2.4: Possibilidade de caminhamento de pessoas sobre os sistemas de cobertura

A Lista 2 comenta que telhados e lajes de cobertura que propiciam o caminhamento de pessoas, em operação de montagem, manutenção ou instalação, devem suportar carga vertical concentrada maior ou igual a 1,2 kN nas posições indicadas em projeto e no manual do proprietário, sem apresentar rupturas, fissuras, deslizamentos ou outras falhas. Como método de avaliação é sugerido um ensaio, realizado pelo construtor e comprovado com laudo do fornecedor, e também uma análise de projeto, a ser realizada pelo projetista estrutural e comprovada por meio de solução descrita em projeto.

A Lista 1 ainda complementa com a citação das premissas de projeto:

- Delimitar em projeto as posições dos componentes dos telhados que não possuem resistência mecânica suficiente para o caminhamento de pessoas.

- Indicar a forma de deslocamento das pessoas sobre os telhados em manuais de operação uso e manutenção.

Para este livro será considerada a Lista 1 e como método de avaliação a análise de projeto, de responsabilidade do projetista de arquitetura, comprovada por declaração em projeto.

Critério 9.2.5: Aterramento de sistemas de coberturas metálicas

As listas 1 e 2 comentam que os sistemas de cobertura constituídos por estrutura por telhas metálicas devem ser aterrados, seguindo a NBR 5419[61]. Como método de avaliação é indicada uma análise de projeto, de responsabilidade do projetista de instalações, comprovada por solução descrita em projeto.

---

[61] ASSOCIAÇÃO BRASILEIRA DE NORMASTÉCNICAS. **NBR 5419: Proteção contra descargas atmosféricas**. Rio de Janeiro, 2018.

PARTE 5: SISTEMAS DE COBERTURAS – SC			
Verificação	**Avaliação**	**Responsável**	**Comprovação**
9. Segurança no uso e na operação			
9.1. Integridade do SC			
9.1.1: Risco de deslizamento de componentes Deve haver segurança no SC mediante garantia da não ocorrência de: destacamento de telhas, partes soltas ao longo do tempo que podem ocorrer em função de uma ação do peso próprio excessiva não calculada ou sobrecargas em situações de manutenção.	Análise de projeto	Projetista de estrutura	Declaração em projeto
9.2. Manutenção e operação			
9.2.1: Guarda-corpos em coberturas e terraços acessíveis aos usuários Os guarda-corpos em coberturas acessíveis aos usuários destinados a solariuns, terraços, jardins e similares devem estar de acordo com a NBR 14718. No caso de coberturas que permitam acesso de veículos, o guarda-corpo deve resistir a cargas concentradas de intensidade de 25kN aplicadas a 50 cm a partir do piso. Em caso de haver barreiras fixas que impeçam o acesso ao guarda-corpo, essas devem resistir às mesmas cargas.	Análise de projeto	Projetista de estrutura	Declaração em projeto
9.2.2: Platibandas Sistemas ou platibandas previstos para sustentar andaimes suspensos ou balancins leves devem suportar a ação dos esforços atuantes no topo e ao longo de qualquer trecho, pela força F (do cabo), majorada conforme NBR 8681, associados ao braço de alavanca e à distância entre pontos de apoio, fornecidos ou informados pelo fornecedor do equipamento e dos dispositivos.	Análise de projeto	Projetista de estrutura	Detalhamento das platibandas e especificação dos esforços

PARTE 5: SISTEMAS DE COBERTURAS – SC			
Verificação	Avaliação	Responsável	Comprovação
9.2.3: Segurança no trabalho em sistemas de coberturas inclinadas Os sistemas de coberturas inclinados com declividade superior a 30% devem ser providos de dispositivo de segurança suportados pela estrutura principal.	Análise de projeto	Projetista de arquitetura	Detalhamento das platibandas e especificação dos esforços
9.2.4: Possibilidade de caminhamento de pessoas sobre os sistemas de cobertura Telhados e lajes de cobertura que propiciam o caminhamento de pessoas, em operação de montagem, manutenção ou instalação, devem suportar carga vertical concentrada maior ou igual a 1,2 kN nas posições indicadas em projeto e no manual do proprietário, sem apresentar rupturas, fissuras, deslizamentos ou outras falhas, tendo como premissas de projeto: Delimitar em projeto as posições dos componentes dos telhados que não possuem resistência mecânica suficiente para o caminhamento de pessoas. Indicar a forma de deslocamento das pessoas sobre os telhados em manuais de operação, uso e manutenção.	Análise de projeto	Projetista de arquitetura	Declaração em projeto
9.2.5: Aterramento de sistemas de coberturas metálicas Os sistemas de cobertura constituídos por estrutura por telhas metálicas devem ser aterrados, seguindo a NBR 5419.	Análise de projeto	Projetista de instalações	Solução descrita em projeto

10. Estanqueidade
Requisito 10.1 – Condições de salubridade no ambiente habitável

Critério 10.1.1: Impermeabilidade

A Lista 2 indica que o SC não deve apresentar escorrimento, gotejamento de água ou gotas aderentes. Como método de avaliação é indicado um ensaio, de responsabilidade do construtor, comprovado com laudo sistêmico.

A Lista 1 ainda acrescenta que é aceitável o aparecimento de manchas de umidade, desde que restritas a no, máximo, 35% das telhas, e também que se deve realizar o ensaio a partir das recomendações da NBR 7581-2[62].

Para este livro será considerada a Lista 1, e o método de avaliação utilizado será o ensaio, de responsabilidade do construtor, comprovado por laudo do fornecedor.

Critério 10.2.1: Estanqueidade do SC

Para as listas 1 e 2 não deve ocorrer no SC a penetração ou infiltração de água que acarrete escorrimento ou gotejamento. Como método de avaliação é sugerido um ensaio, a ser realizado pelo construtor e comprovado por meio de laudo de ensaio, seguindo as orientações do Anexo D da NBR 15575-5.

Critério 10.3.1: Estanqueidade das aberturas de ventilação

Para as listas 1 e 2 não pode haver infiltração de água ou gotejamento nas regiões das aberturas de ventilação, constituídas por entradas de ar nas linhas de beiral e saídas de ar nas linhas das cumeeiras, ou de componentes de ventilação. Como método de avaliação é indicada uma análise de projeto, a ser realizada pelo projetista de arquitetura e comprovada com solução descrita em projeto.

Critério 10.4.1: Captação e escoamento de águas pluviais

Para a Lista 2, o SC deve ter capacidade para drenar a máxima precipitação passível de ocorrer, na região da edificação habitacional, não permitindo empoçamentos ou extravasamentos para o interior da edificação, aos átrios ou quaisquer locais não previstos no projeto da

---

[62] ASSOCIAÇÃO BRASILEIRA DE NORMAS TÉCNICAS. **NBR 7581-2: Telha ondulada de fibrocimento** – Ensaios. Rio de Janeiro, 2012.

cobertura. Como método de avaliação é indicada uma análise de projeto, a ser realizada pelo projetista de instalações e comprovada por meio de declaração em projeto.

Para a Lista 1, devem ser consideradas as disposições da NBR 10844[63] e avaliada a capacidade do sistema de captar a drenagem pluvial da cobertura no pior caso. Também, especificar em planta o caimento dos panos, projeção dos beirais, encaixes e sobreposições e fixação de telhas, especificar o sistema de águas pluviais e detalhar os elementos que promovem dissipação ou afastamento do fluxo de água das superfícies das fachadas, visando a evitar o acúmulo de água e infiltração de umidade.

Para este livro será considerada a Lista 1, sendo o método de avaliação a análise de projeto, de responsabilidade do projetista de instalações, comprovada por meio de solução descrita em projeto, como os detalhamentos da cobertura no projeto de cobertura e do sistema de captação pluvial no projeto hidrossanitário.

Critério 10.5.1: Estanqueidade para SC impermeabilizado

Para as listas 1 e 2 devem ser consideradas as seguintes premissas:

- Ser estanques por, no mínimo, 72 horas no ensaio de lâmina de água.

- Manter a estanqueidade ao longo da vida útil de projeto do SC.

Como método de avaliação é sugerido um ensaio, a ser realizado pelo construtor e comprovado por laudo de ensaio, e uma análise de projeto, de responsabilidade do projetista específico, comprovada com declaração em projeto.

Neste livro será utilizado como método de avaliação um ensaio, de responsabilidade do construtor, comprovado por laudo de ensaio.

---

[63] ASSOCIAÇÃO BRASILEIRA DE NORMAS TÉCNICAS. **NBR 10844: Instalações prediais de águas pluviais** Procedimento. Rio de Janeiro, 1989.

PARTE 5: SISTEMAS DE COBERTURAS – SC			
Verificação	Avaliação	Responsável	Comprovação
10. Estanqueidade			
10.1. Condições de salubridade no ambiente habitável			
10.1.1: Impermeabilidade O SC não deve apresentar escorrimento, gotejamento de água ou gotas aderentes. Aceita-se o aparecimento de manchas de umidade, desde que restritas a no máximo 35% das telhas. Seguir premissas da NBR 5642 para realização do ensaio.	Ensaio	Construtor	Laudo do fornecedor
10.2.1: Estanqueidade do SC Não deve ocorrer no SC a penetração ou infiltração de água que acarrete escorrimento ou gotejamento. Seguir as orientações do Anexo D da NBR 15575-5 para realização do ensaio.	Ensaio	Construtor	Laudo de ensaio
10.3.1: Estanqueidade das aberturas de ventilação Não pode haver infiltração de água ou gotejamento nas regiões das aberturas de ventilação, constituídas por entradas de ar nas linhas de beiral e saídas de ar nas linhas das cumeeiras, ou de componentes de ventilação. Detalhamento das aberturas de ventilação.	Análise de projeto	Projetista de arquitetura	Solução descrita em projeto

PARTE 5: SISTEMAS DE COBERTURAS – SC			
Verificação	**Avaliação**	**Responsável**	**Comprovação**
10.4.1: Captação e escoamento de águas pluviais Considerar as disposições da NBR 10844 e avaliar a capacidade do sistema de captar a drenagem pluvial da cobertura no pior caso. Especificar em planta caimento dos panos, projeção dos beirais, encaixes e sobreposições e fixação de telhas, especificar o sistema de águas pluviais e detalhar os elementos que promovem dissipação ou afastamento do fluxo de água das superfícies das fachadas, visando a evitar o acúmulo de água e infiltração de umidade. Detalhamentos da cobertura no projeto de cobertura e do sistema de captação pluvial no projeto hidrossanitário.	Análise de projeto	Projetista de instalações	Solução descrita em projeto
10.5.1: Estanqueidade para SC impermeabilizado Consideradas as seguintes premissas de projeto: Serem estanques por, no mínimo, 72 horas no ensaio de lâmina de água. Manter a estanqueidade ao longo da vida útil de projeto do SC.	Ensaio	Construtor	Laudo de ensaio

11. Desempenho térmico
Requisito 11.2 – Isolação térmica da cobertura

Critério 11.2.1: Transmitância térmica

A Lista 2 sugere que a cobertura deve apresentar valores inferiores aos máximos admissíveis para a transmitância térmica (U), considerando o fluxo térmico descendente, em função das zonas bioclimáticas, indicados na Tabela 3 da NBR 15575-5. Ainda, indica como método de avaliação o procedimento simplificado (o qual foi significativamente alterado na versão de 2021), de responsabilidade do projetista de arquitetura, comprovada por meio de solução descrita em projeto.

A Lista 1 comenta que para atender ao desempenho mínimo de isolação de cobertura é preciso efetuar cálculo de transmitância térmica, que deve ser menor que 2,30 W/m².K. Em caso de almejar desempenho de nível superior, é necessário desenvolver simulações de projeto.

Para este livro será considerada a Lista 1, sendo o método de avaliação a análise de projeto, de responsabilidade do projetista de arquitetura, comprovada por meio de declaração em projeto a partir dos cálculos de transmitância térmica.

PARTE 5: SISTEMAS DE COBERTURAS – SC			
Verificação	Avaliação	Responsável	Comprovação
11. Desempenho térmico			
11.2. Isolação térmica da cobertura			
11.2.1: Transmitância térmica Para atender ao desempenho mínimo de isolação de cobertura é preciso efetuar cálculo de transmitância térmica que deve ser U < 2,30 W/m².K. Em caso de almejar desempenho de nível superior, é necessário desenvolver simulações de projeto. Cálculos de transmitância térmica pelo procedimento simplificado (o qual foi significativamente alterado na versão de 2021).	Análise de projeto	Projetista de arquitetura	Declaração em projeto

12. Desempenho acústico

Requisito 12.3 – Isolamento acústico da cobertura devido a sons aéreos

Critério 12.3.1: Isolamento acústico da cobertura devido a sons aéreos em campo

Segundo as listas 1 e 2, apenas os dormitórios da unidade habitacional devem ser avaliados conforme a Tabela 7 da NBR 15575-5. Como método de avaliação é indicado um ensaio, de responsabilidade do construtor, comprovado por meio de laudo de ensaio.

Requisito 12.4 – Nível de ruído de impacto nas coberturas acessíveis de uso coletivo

Critério 12.4.1: Nível de ruído de impacto nas coberturas acessíveis de uso coletivo

Segundo a Lista 2, o som resultante de ruídos de impacto nas edificações que facultam acesso coletivo à cobertura deve estar de acordo com a Tabela 8 da NBR 15575-5, avaliando apenas os dormitórios e a sala de estar. Aplica-se apenas a coberturas com piscinas, pubs e outros. Para avaliação, sugere-se um ensaio, de responsabilidade do construtor e comprovado por laudo de ensaio.

A Lista 1 indica a realização de procedimento de campo ou laboratório, em que o sistema de cobertura deverá desempenhar nível de pressão sonora de impacto padronizado inferior a 55 dB.

Para este livro será considerada a opinião da Lista 1, na qual o método de avaliação é um ensaio, de responsabilidade do construtor, comprovado por laudo. Acrescenta-se, ainda, que as lajes devem possuir um mínimo de 15 cm de espessura para serem avaliadas nesse critério.

PARTE 5: SISTEMAS DE COBERTURAS – SC			
Verificação	Avaliação	Responsável	Comprovação
12. Desempenho acústico			
12.3. Isolamento acústico da cobertura devido a sons aéreos			
12.3.1: Isolamento acústico da cobertura devido a sons aéreos em campo Apenas os dormitórios da unidade habitacional devem ser avaliados conforme a Tabela 7 da NBR 15575-5.	Ensaio	Construtor	Laudo de ensaio
12.4. Nível de ruído de impacto nas coberturas acessíveis de uso coletivo			
12.4.1: Nível de ruído de impacto nas coberturas acessíveis de uso coletivo O sistema de cobertura deve desempenhar nível de pressão sonora de impacto padronizado inferior a 55dB. Considera-se laje com no mínimo 15 cm de espessura como pré-requisito para avaliação nesse critério.	Ensaio	Construtor	Laudo de ensaio

13. Desempenho lumínico

Esta parte da norma não estabelece requisitos isolados de desempenho lumínico para sistemas de coberturas.

14. Durabilidade e manutenibilidade
Requisito 14 – Vida útil de projeto dos sistemas de cobertura

Critério 14.1: Vida útil de projeto

Segundo as listas 1 e 2, o SC deve demonstrar atendimento à vida útil de projeto estabelecida na NBR 15575-1. Caso não haja declaração de VUP assume-se o valor mínimo de 20 anos. O método de avaliação sugerido é a análise de projeto, de responsabilidade dos projetistas de arquitetura, estrutural e instalações e do construtor, comprovada por meio de declaração em projeto.

Para este livro, o método de avaliação será uma análise de projeto, de responsabilidade dos projetistas de arquitetura, estrutural e instalações, comprovada por declaração em projeto.

Critério 14.2: Estabilidade da cor de telhas e outros componentes da cobertura

A Lista 2 propõe que a superfície exposta dos componentes pigmentados, coloridos na massa, pintados, esmaltados, anodizados ou qualquer outro processo de tingimento apresente grau de alteração máxima de 3, após exposição acelerada durante 1.600 horas em câmara/lâmpada com arco de xenônio. Como método de avaliação é sugerido um ensaio, de responsabilidade do setor de compras do construtor e comprovado com laudo do fornecedor, e também uma análise de projeto, a ser realizada pelo projetista de arquitetura, comprovada com especificação técnica.

A Lista 1 indica a necessidade de solicitar laudos dos fabricantes do método de ensaio NBR ISO 105-A02[64], que apresentem a alteração de cor (escala de cinza) após exposição a envelhecimento acelerado, conforme Anexo H da NBR 15575-5.

Para este livro será considerada a Lista 1, sendo que o método de avaliação será um ensaio, de responsabilidade do construtor, comprovado por laudo do fornecedor.

---

[64] ASSOCIAÇÃO BRASILEIRA DE NORMAS TÉCNICAS. **NBR ISO 105-A02 Têxteis** – Ensaios de solidez da cor – Escala cinza para avaliação da alteração da cor. Rio de Janeiro, 2006.

Critério 14.3: Manual de operação, uso e manutenção das coberturas

As listas 1 e 2 indicam que os fabricantes do SC e/ou dos componentes/ subsistemas, bem como construtor e o incorporador público ou privado, isolada ou solidariamente, especifiquem todas as condições de uso, operação e manutenção dos SC, conforme definido nas premissas do projeto e na NBR 5674[65]. Como método de avaliação é indicada uma análise de projeto, a ser realizada pelo construtor e comprovada por declaração em projeto.

Neste livro, como método de avaliação será considerada uma análise de projeto, de responsabilidade do construtor, comprovada por meio da apresentação do Manual de uso, operação e manutenção da obra.

PARTE 5: SISTEMAS DE COBERTURAS – SC			
Verificação	Avaliação	Responsável	Comprovação
14. Durabilidade e manutenibilidade			
14. Vida útil de projeto			
14.1: Vida útil de projeto O SC deve demonstrar atendimento à vida útil do projeto estabelecida no Anexo C da NBR 15575-1. Caso não haja declaração de VUP, assume-se o valor mínimo de 20 anos.	Análise de projeto	Projetista de arquitetura, estrutural e instalações	Declaração em projeto
14.2: Estabilidade da cor de telhas e outros componentes da cobertura Solicitar laudos dos fabricantes do método de ensaio NBR ISO 105-A02, que apresentem a alteração de cor (escala de cinza) após exposição a envelhecimento acelerado, conforme Anexo H da NBR 15575-5. Não sendo aplicado em componentes sem superfícies pigmentadas, coloridas, pintadas, esmaltadas, anodizadas ou qualquer outro processo de tingimento.	Ensaio	Construtor	Laudo do fornecedor

---

[65] ASSOCIAÇÃO BRASILEIRA DE NORMAS TÉCNICAS. **NBR 5674: Manutenção de edificações** – Requisitos para o sistema de gestão de manutenção. Rio de Janeiro, 2024.

PARTE 5: SISTEMAS DE COBERTURAS – SC			
Verificação	Avaliação	Responsável	Comprovação
14.3: Manual de operação, uso e manutenção das coberturas Os fabricantes do SC e/ou dos componentes/subsistemas, bem como construtor e o incorporador público ou privado, isolada ou solidariamente, devem especificar todas as condições de uso, operação e manutenção dos SC, conforme definido nas premissas do projeto e na NBR 5674.	Análise de projeto	Construtor	Manual de operação, uso e manutenção

15. Saúde, higiene e qualidade do ar

Esta parte da norma não estabelece requisitos isolados de saúde, higiene e qualidade do ar para sistemas de coberturas.

16. Funcionalidade e acessibilidade

Requisito 16.2 – Manutenção dos equipamentos e dispositivos ou componentes constituintes e integrantes do SC

Critério 16.2.1: Instalação, manutenção e desinstalação de equipamentos e dispositivos da cobertura

Segundo as listas 1 e 2, o SC deve ser passível de proporcionar meios que permitam atender fácil e tecnicamente às vistorias, manutenções e instalações previstas em projeto. Como método de avaliação é indicada uma análise de projeto, a ser realizada pelo construtor e comprovada por declaração em projeto.

Entretanto, neste livro, como método de avaliação será considerada uma análise de projeto, de responsabilidade do construtor, comprovada por meio da apresentação do Manual de uso, operação e manutenção da obra.

PARTE 5: SISTEMAS DE COBERTURAS – SC			
Verificação	Avaliação	Responsável	Comprovação
16. Funcionalidade e acessibilidade			
16.2. Manutenção dos equipamentos e dispositivos ou componentes constituintes e integrantes do SC			
16.2.1: Instalação, manutenção e desinstalação de equipamentos e dispositivos da cobertura O SC deve ser passível de proporcionar meios pelos quais permitam atender fácil e tecnicamente às vistorias, manutenções e instalações previstas em projeto.	Análise de projeto	Construtor	Manual de operação, uso e manutenção

17. Conforto tátil e antropodinâmico

Esta parte da norma não estabelece requisitos isolados de conforto tátil e antropodinâmico para sistemas de coberturas.

18. Adequação ambiental

Esta parte da norma não estabelece requisitos isolados de adequação ambiental para sistemas de coberturas.

2.7 PARTE 6: SISTEMAS HIDROSSANITÁRIOS

7. Segurança estrutural

Requisito 7.1 – Resistência mecânica dos sistemas hidrossanitários e das instalações

Critério 7.1.1: Tubulações suspensas

A Lista 2 recomenda que os fixadores ou suportes das tubulações, aparentes ou não, assim como as próprias tubulações, resistam, sem entrar em colapso, a cinco vezes o peso próprio das tubulações cheias de água para tubulações fixas no teto ou em outros elementos estruturais, bem como não apresentem deformações que excedam 0,5% do vão. Como método de avaliação é sugerido um ensaio, de responsabilidade do construtor, comprovado por meio de laudo sistêmico, e também uma análise de projeto, realizada pelo projetista de instalações e comprovada por solução descrita em projeto.

A Lista 1 acrescenta a necessidade de seguir as premissas para o ensaio sugeridas no item 7.1.1.1 da NBR 15575-6.

Para este livro será considerado o critério definido pela Lista 1 e como método de avaliação um ensaio, de responsabilidade do construtor, comprovado por laudo de ensaio.

Critério 7.1.2: Tubulações enterradas

As listas 1 e 2 indicam que as tubulações enterradas devem manter sua integridade (existência de berços e envelopamentos). Como método de avaliação é indicada a análise de projeto, a ser realizada pelo projetista de instalações e comprovada por meio de solução descrita em projeto.

Critério 7.1.3: Tubulações embutidas

A Lista 2 indica que as tubulações embutidas não devem sofrer ações externas que possam danificá-las ou comprometer a estanqueidade ou o fluxo (existência de dispositivos que assegurem a não transmissão de esforços para a tubulação). Como método de avaliação é indicada a análise de projeto, a ser realizada pelo projetista de instalações e comprovada por meio de solução descrita em projeto.

A Lista 1 compartilha da mesma opinião que Lista 2. Acrescenta-se que para casos em que a tubulação faça transição de sistemas que a abrigam e que nesses pontos estejam presentes dispositivos flexíveis (envelopamento de borracha ou silicone), que estejam em contato com a tubulação e que proporcionem a possibilidade de livro dessas tubulações em caso de movimentação natural da estrutura e seus elementos de vedação, ou livro por dilatação térmica.

Requisito 7.2 – Solicitações dinâmicas dos sistemas hidrossanitários

Critério 7.2.1: Sobrepressão máxima no fechamento de válvulas de descarga

As listas 1 e 2 comentam que as válvulas de descarga, metais de fechamento rápido e do tipo monocomando não podem provocar sobrepressões no fechamento superiores a 0,2 MPa (golpe de ariete), estando as válvulas de descarga de acordo com a NBR 15857[66]. O método de avaliação indicado é o ensaio, de responsabilidade do setor de compras do construtor, comprovado por laudo do fornecedor.

---

[66] ASSOCIAÇÃO BRASILEIRA DE NORMAS TÉCNICAS. **NBR 15857: Válvula de descarga para limpeza de bacias sanitárias** Requisitos e métodos de ensaio. Rio de Janeiro, 2011.

Critério 7.2.2: Altura manométrica máxima

As listas 1 e 2 indicam que o sistema hidrossanitário deve possuir pressão máxima estabelecida na NBR 5626[67], verificando em projeto as pressões estáticas mais desfavoráveis. Acrescenta-se, ainda, que a pressão da água em qualquer ponto de utilização não deve ultrapassar 400 kPa. Como método de avaliação é sugerida uma análise de projeto, de responsabilidade do projetista de instalações, comprovada por declaração em projeto.

Critério 7.2.3: Sobrepressão máxima quando da parada de bombas de recalque

As listas 1 e 2 indicam que a velocidade do fluído deve ser inferior a 10 m/s e a análise de projeto como método de avaliação, a ser realizada pelo projetista de instalações e comprovada por declaração em projeto.

Critério 7.2.4: Resistência a impactos de tubulações aparentes

As listas 1 e 2 indicam que as tubulações aparentes, fixadas até 1,5 m acima do piso, devem resistir a impactos (de corpos mole e duro) que possam ocorrer durante a vida útil de projeto, sem sofrerem perda de funcionalidade ou ruína, conforme a Tabela 1 da NBR 15575-6. O método de avaliação sugerido é um ensaio, de responsabilidade do construtor, comprovado por laudo de ensaio.

PARTE 6: SISTEMAS HIDROSSANITÁRIOS			
Verificação	Avaliação	Responsável	Comprovação
7. Segurança estrutural			
7.1. Resistência mecânica dos sistemas hidrossanitários e das instalações			
7.1.1: Tubulações suspensas Os fixadores ou suportes das tubulações, aparentes ou não, assim como as próprias tubulações, devem resistir, sem entrar em colapso, a cinco vezes o peso próprio das tubulações cheias de água para tubulações fixas no teto ou em outros elementos estruturais, bem como não devem apresentar deformações que excedam 0,5% do vão. Realizar ensaio conforme premissas do item 7.1.1.1.	Ensaio	Construtor	Laudo de ensaio

---

[67] ASSOCIAÇÃO BRASILEIRA DE NORMAS TÉCNICAS. **NBR 5626: Sistemas prediais de água fria e água quente** - Projeto, execução, operação e manutenção. Rio de Janeiro, 2020.

PARTE 6: SISTEMAS HIDROSSANITÁRIOS			
Verificação	**Avaliação**	**Responsável**	**Comprovação**
7.1.2: Tubulações enterradas As tubulações enterradas devem manter sua integridade (existência de berços e envelopamentos).	Análise de projeto	Projetista de instalações	Solução em projeto
7.1.3: Tubulações embutidas As tubulações embutidas não devem sofrer ações externas que possam danificá-las ou comprometer a estanqueidade ou o fluxo (existência de dispositivos que assegurem a não transmissão de esforços para a tubulação). Casos em que a tubulação faça transição de sistemas que a abrigam e que nesses pontos estejam presentes dispositivos flexíveis (envelopamento de borracha ou silicone) que estejam em contato com a tubulação e que proporcionem a possibilidade de trabalho dessas tubulações em caso de movimentação natural da estrutura e seus elementos de vedação, ou trabalho por dilatação térmica.	Análise de projeto	Projetista de instalações	Solução em projeto
7.2. Solicitações dinâmicas dos sistemas hidrossanitários			
7.2.1: Sobrepressão máxima no fechamento de válvulas de descarga As válvulas de descarga, metais de fechamento rápido e do tipo monocomando não podem provocar sobrepressões no fechamento, superiores a 0,2 MPa (Golpe de Ariete), estando as válvulas de descarga de acordo com a NBR 15857.	Ensaio	Setor de compras do construtor	Laudo do fornecedor

PARTE 6: SISTEMAS HIDROSSANITÁRIOS			
Verificação	Avaliação	Responsável	Comprovação
7.2.2: Altura manométrica máxima O sistema hidrossanitário deve possuir pressão máxima estabelecida na NBR 5626, verificando em projeto as pressões estáticas mais desfavoráveis. Acrescenta-se, ainda, que a pressão da água em qualquer ponto de utilização não deve ultrapassar 400 kPa.	Análise de projeto	Projetista de instalações	Declaração em projeto
7.2.3: Sobrepressão máxima quando da parada de bombas de recalque A velocidade do fluído deve ser inferior a 10 m/s.	Análise de projeto	Projetista de instalações	Declaração em projeto
7.2.4: Resistência a impactos de tubulações aparentes As tubulações aparentes fixadas até 1,5 m acima do piso devem resistir a impactos (de corpos mole e duro) que possam ocorrer durante a vida útil de projeto, sem sofrerem perda de funcionalidade ou ruína, conforme a Tabela 1 da NBR 15575-6.	Ensaio	Construtor	Laudo de ensaio

8. Segurança contra incêndio
Requisito 8.1 – Combate a incêndio com água

Critério 8.1.1: Reserva de água para combate a incêndio

A Lista 2 indica que o volume de água reservado para combate a incêndio deve ser estabelecido conforme legislação vigente ou, na sua ausência, segundo as normas NBR 10897[68] e NBR 13714[69]. Como método de avaliação é sugerida uma análise de projeto, de responsabilidade do projetista de instalações, comprovada por declaração em projeto.

---

[68] ASSOCIAÇÃO BRASILEIRA DE NORMAS TÉCNICAS. **NBR 10897: Sistemas de proteção contra incêndio por chuveiros automáticos** – Requisitos. Rio de Janeiro, 2020.

[69] ASSOCIAÇÃO BRASILEIRA DE NORMAS TÉCNICAS. **NBR 13714: Sistemas de hidrantes e de mangotinhos para combate a incêndio**. Rio de Janeiro, 2000.

A Lista 1 indica a necessidade de reservatório domiciliar de água fria superior ou inferior com volume de água necessário para o combate a incêndio, além do volume necessário para consumo. Embora seja um requisito já atendido pela legislação vigente, o requisito solicita uma avaliação de projeto conforme anexo A da NBR 15575-6.

Para este livro será considerada a Lista 2, porém será utilizada como método de avaliação a análise de projeto, de responsabilidade do projetista de instalações, comprovada pela aprovação do Projeto de Sistemas de Prevenção Contra Incêndio no órgão competente.

Requisito 8.2 – Combate a incêndio com extintores

Critério 8.2.1: Tipo e posicionamento de extintores

Segundo a Lista 2, os extintores devem ser classificados e posicionados conforme a NBR 12693[70]. O método de avaliação sugerido é inspeção in loco, a ser realizada pelo construtor e comprovada por meio de relatório de inspeção, e análise de projeto, de responsabilidade do projetista de instalações, comprovada por declaração em projeto.

Para a Lista 1, os extintores devem ser classificados e posicionados conforme legislação vigente (Instruções Normativas no órgão competente), sendo que o método de avaliação desse requisito é a verificação do projeto e in loco.

Para este livro será considerada a Lista 1, utilizando como método de avaliação a análise de projeto, sendo necessária a aprovação do projeto no órgão competente, de responsabilidade do projetista de instalações.

Requisito 8.3 – Evitar propagação de chamas entre pavimentos

Critério 8.3.1: Evitar propagação de chamas entre pavimentos

Segundo as listas 1 e 2, quando as prumadas de esgoto sanitário e ventilação estiverem instaladas aparentes, fixadas em alvenaria ou no interior de dutos verticais (*shaft*), devem ser fabricadas com material não propagante de chamas, tal como as tubulações de PVC, seguindo os

---

[70] ASSOCIAÇÃO BRASILEIRA DE NORMAS TÉCNICAS. **NBR 12693: Sistemas de proteção por extintor de incêndio**. Rio de Janeiro, 2021.

critérios da ISO 1182[71]. Como método de avaliação é indicada a análise de projeto, de responsabilidade do projetista de instalações, comprovada por declaração em projeto.

PARTE 6: SISTEMAS HIDROSSANITÁRIOS			
Verificação	Avaliação	Responsável	Comprovação
8. Segurança contra incêndio			
8.1. Combate a incêndio com água			
8.1.1: Reserva de água para combate a incêndio O volume de água reservado para combate a incêndio deve ser estabelecido conforme legislação vigente ou, na sua ausência, segundo as normas NBR 10897 e NBR 13714.	Análise de projeto	Projetista de instalações	Aprovação do projeto nos bombeiros
8.2. Combate a incêndio com extintores			
8.2.1: Tipo e posicionamento de extintores Os extintores devem ser classificados e posicionados conforme legislação vigente (Instruções Normativas dos bombeiros).	Análise de projeto	Projetista de instalações	Aprovação do projeto nos bombeiros
8.3. Evitar propagação de chamas entre pavimentos			
8.3.1: Evitar propagação de chamas entre pavimentos Quando as prumadas de esgoto sanitário e ventilação estiverem instaladas aparentes, fixadas em alvenaria ou no interior de dutos verticais (*shaft*), devem ser fabricadas com material não propagante de chamas, seguindo os critérios da ISO 1182. No caso de tubulações de PVC, esse é um material autoextinguível.	Análise de projeto	Projetista de instalações	Declaração em projeto

---

[71] INTERNATIONAL ORGANIZATION FOR STANDARDIZATION. **ISO 1182: Reaction to fire tests for products** – Non-combustibility test. Genebra, 2010.

9. Segurança no uso e operação

Requisito 9.1 – Risco de choques elétricos e queimaduras em sistemas de equipamentos de aquecimento e em eletrodomésticos ou eletroeletrônicos

Critério 9.1.1: Aterramento das instalações, dos aparelhos aquecedores, dos eletrodomésticos e dos eletroeletrônicos

As listas 1 e 2 comentam que todas as tubulações, equipamentos e acessórios do sistema hidrossanitário devem ser direta ou indiretamente aterrados, conforme a NBR 5410[72]. Como método de avaliação é indicada uma análise de projeto, de responsabilidade do projetista de instalações, comprovada por declaração em projeto.

Critério 9.1.2: Corrente de fuga em equipamentos

As listas 1 e 2 comentam que os equipamentos (chuveiro) devem atender às NBR 12090[73] e NBR 14016[74], limitando-se à corrente de fuga para outros aparelhos em 15 mA. Como método de avaliação é indicado um ensaio, de responsabilidade do setor de compras do construtor, comprovado por meio de laudo do fornecedor.

Critério 9.1.3: Dispositivo de segurança em aquecedores elétricos de acumulação

As listas 1 e 2 indicam que os aparelhos elétricos de acumulação utilizados para aquecimento da água devem ser providos de dispositivo de alívio para o caso de sobrepressão e também de dispositivo de segurança que corte a alimentação de energia em caso de superaquecimento. Como método de avaliação é indicada uma inspeção, de responsabilidade do construtor, comprovada por relatório de inspeção, o que será utilizado neste livro.

---

[72] ASSOCIAÇÃO BRASILEIRA DE NORMAS TÉCNICAS. **NBR 5410: Instalações elétricas de baixa tensão.** Rio de Janeiro, 2004.

[73] ASSOCIAÇÃO BRASILEIRA DE NORMAS TÉCNICAS. **NBR 12090: Chuveiros elétricos – Determinação da corrente de fuga** – Método de ensaio. Rio de Janeiro, 2016.

[74] ASSOCIAÇÃO BRASILEIRA DE NORMAS TÉCNICAS. **NBR 14016: Aquecedores instantâneos de água e torneiras elétricas** – Determinação da corrente de fuga – Método de ensaio. Rio de Janeiro, 2015.

Requisito 9.2 – Risco de explosão, queimaduras ou intoxicação por gás

Critério 9.2.1: Dispositivos de segurança em aquecedores de acumulação a gás

A Lista 1 não cita esse critério. Já a Lista 2 indica que os aparelhos de acumulação a gás, utilizados para o aquecimento de água, devem prover de dispositivo de alívio para o caso de sobrepressão e também de dispositivo de segurança que corte a alimentação do gás em caso de superaquecimento. Como método de avaliação é indicada a inspeção, de responsabilidade do construtor, comprovada por relatório de inspeção, o que será utilizado neste livro.

Critério 9.2.2: Instalação de equipamentos a gás combustível

Segundo as listas 1 e 2, o funcionamento do equipamento a gás combustível instalado em ambientes residenciais deve ser feito de maneira que a concentração máxima de CO_2 não ultrapasse o valor de 0,5%. Como método de avaliação é sugerida uma inspeção, de responsabilidade do construtor, comprovada por relatório de inspeção, e uma análise de projeto, pelo projetista de instalações, comprovada com solução descrita em projeto, relativa aos equipamentos que atendam às normas NBR 13103[75] e NBR 14011[76].

Para esse critério será considerado que o método de avaliação deve ser uma análise de projeto, de responsabilidade do projetista de instalações, comprovada por meio do detalhamento da chaminé.

Requisito 9.3 – Permitir utilização segura aos usuários

Critério 9.3.1: Prevenção de ferimentos

A Lista 2 indica que as peças de utilização e demais componentes dos sistemas hidrossanitários que são manipulados pelos usuários sigam o critério de não possuir cantos vivos ou superfícies ásperas. Como método de avaliação é sugerida uma inspeção, de responsabilidade do construtor, comprovada por relatório de inspeção.

---

[75] ASSOCIAÇÃO BRASILEIRA DE NORMAS TÉCNICAS. **NBR 13103: Instalação de aparelhos a gás para uso residencial** – Requisitos. Rio de Janeiro, 2013.

[76] ASSOCIAÇÃO BRASILEIRA DE NORMAS TÉCNICAS. **NBR 14011: Aquecedores instantâneos de água e torneiras elétricas** – Requisitos gerais. Rio de Janeiro, 2015.

A Lista 1 compartilha da mesma opinião da Lista 2, acrescido da necessidade de uma análise de projeto, a ser realizada pelo projetista de instalações e comprovada por meio de especificação em projeto das normas de cada aparelho utilizado.

Para este livro é considerado como método de avaliação uma inspeção, de responsabilidade do construtor, comprovada por relatório de inspeção, e uma análise de projeto, a ser realizada pelo projetista de instalações e comprovada por meio de declaração em projeto.

Critério 9.3.2: Resistência mecânica de peças e aparelhos sanitários

As listas 1 e 2 recomendam que as peças e aparelhos sanitários possuam resistência mecânica aos esforços a que serão submetidos em sua utilização, seguindo diversas normas técnicas citadas no critério. Como método de avaliação é sugerido um ensaio, de responsabilidade do setor de compras do construtor, comprovado por laudo do fornecedor.

Requisito 9.4 – Temperatura de utilização da água

Critério 9.4.1: Temperatura de aquecimento

As listas 1 e 2 indicam que as possibilidades de mistura de água fria, regulagem de vazão e outras técnicas existentes no sistema hidrossanitário, no limite de sua aplicação, permitem que a regulagem da temperatura da água na saída do ponto de utilização atinja apenas valores abaixo de 50° C. Os aparelhos devem apresentar termostato. Como método de avaliação é sugerido um ensaio, de responsabilidade do setor de compras do construtor, comprovado por laudo do fornecedor.

PARTE 6: SISTEMAS HIDROSSANITÁRIOS			
Verificação	Avaliação	Responsável	Comprovação
9. Segurança no uso e na operação			
9.1. Risco de choques elétricos e queimaduras em sistemas de equipamentos de aquecimento e em eletrodomésticos ou eletroeletrônicos			
9.1.1: Aterramento das instalações, dos aparelhos aquecedores, dos eletrodomésticos e dos eletroeletrônicos	Análise de projeto	Projetista de instalações	Declaração em projeto

PARTE 6: SISTEMAS HIDROSSANITÁRIOS			
Verificação	**Avaliação**	**Responsável**	**Comprovação**
Todas as tubulações, equipamentos e acessórios do sistema hidrossanitário devem ser direta ou indiretamente aterrados, conforme NBR 5410. Apresentação do projeto de aterramento.	Análise de projeto	Projetista de instalações	Declaração em projeto
9.1.2: Corrente de fuga em equipamentos Os equipamentos (chuveiro) devem atender às NBR 12090 e NBR 14016, limitando-se à corrente de fuga para outros aparelhos em 15 mA.	Ensaio	Construtor	Laudo do fornecedor
9.1.3: Dispositivo de segurança em aquecedores elétricos de acumulação Os aparelhos elétricos de acumulação utilizados para aquecimento da água devem ser providos de dispositivo de alívio para o caso de sobrepressão e também de dispositivo de segurança que corte a alimentação de energia em caso de superaquecimento.	Inspeção	Construtor	Relatório de inspeção
9.2. Risco de explosão, queimaduras ou intoxicação por gás			
9.2.1: Dispositivos de segurança em aquecedores de acumulação a gás Os aparelhos de acumulação a gás, utilizados para o aquecimento de água, devem prover de dispositivo de alívio para o caso de sobrepressão e também de dispositivo de segurança que corte a alimentação do gás em caso de superaquecimento. Idem 9.1.3.	Inspeção	Construtor	Relatório de inspeção

PARTE 6: SISTEMAS HIDROSSANITÁRIOS			
Verificação	**Avaliação**	**Responsável**	**Comprovação**
9.2.2: Instalação de equipamentos a gás combustível O funcionamento do equipamento a gás combustível instalado em ambientes residenciais deve ser feito de maneira que a concentração máxima de CO_2 não ultrapasse o valor de 0,5%.	Análise de projeto	Projetista de instalações	Detalhamento da chaminé
9.3. Permitir utilização segura aos usuários			
9.3.1: Prevenção de ferimentos	Inspeção	Construtor	Relatório de inspeção
As peças de utilização e demais componentes dos sistemas hidrossanitários que são manipulados pelos usuários devem seguir o critério de não possuírem cantos vivos ou superfícies ásperas.	Análise do projeto	Projetista de instalações	Declaração em projeto
9.3.2 Resistência mecânica de peças e aparelhos sanitários As peças e aparelhos sanitários devem possuir resistência mecânica aos esforços a que serão submetidos em sua utilização, seguindo diversas normas técnicas citadas no critério.	Ensaio	Construtor	Laudo do fornecedor
9.4. Temperatura de utilização da água			
9.4.1: Temperatura de aquecimento As possibilidades de mistura de água fria, regulagem de vazão e outras técnicas existentes no sistema hidrossanitário, no limite de sua aplicação, permitem que a regulagem da temperatura da água na saída do ponto de utilização atinja apenas valores abaixo de 50° C. O aparelho deve conter termostato.	Ensaio	Construtor	Laudo do fornecedor

10. Estanqueidade

Requisito 10.1 – Estanqueidade das instalações dos sistemas hidrossanitários de água fria e água quente

Critério 10.1.1: Estanqueidade à água das instalações de água

A Lista 2 comenta que as tubulações do sistema predial de água não podem apresentar vazamento quando submetidas, durante 1 hora, à pressão hidrostática de 1,5 vezes o valor da pressão prevista em projeto, na mesma seção, e de, em nenhum caso, serem ensaiadas a pressões inferiores a 100 kPa. Como método de avaliação é sugerido um ensaio, de responsabilidade do construtor, comprovado por laudo de ensaio.

Critério 10.1.2: Estanqueidade à água de peças de utilização

Segundo a Lista 2, as peças de utilização não podem apresentar vazamento quando submetidas à pressão hidrostática máxima prevista na NBR 5626[77]. Como método de avaliação é sugerido um ensaio, de responsabilidade do setor de compras do construtor, comprovado por laudo do fornecedor.

Requisito 10.2 – Estanqueidade das instalações dos sistemas hidrossanitários de esgoto e de águas pluviais

Critério 10.2.1: Estanqueidade das instalações de esgoto e de águas pluviais

Segundo as listas 1 e 2, as tubulações dos sistemas de esgoto sanitário e de águas pluviais não podem apresentar vazamento quando submetidas à pressão estática de 60 kPa, durante 15 minutos, se o ensaio for feito com água, ou de 35 kPa, durante o mesmo período de tempo, com o ensaio feito com ar. Como método de avaliação é sugerido um ensaio, de responsabilidade do construtor, comprovado por laudo de ensaio.

Critério 10.2.2: Estanqueidade à água das calhas

Segundo as listas 1 e 2, as calhas, com todos os seus componentes do sistema predial de águas pluviais, devem ser estanques, quando submetidas à obstrução das saídas e enchendo-as com água até no nível de transbordamento e verificando vazamentos. Como método de avaliação

---

[77] ASSOCIAÇÃO BRASILEIRA DE NORMAS TÉCNICAS. **NBR 5626: Sistemas prediais de água fria e água quente** - Projeto, execução, operação e manutenção. Rio de Janeiro, 2020.

é sugerido um ensaio, de responsabilidade do construtor, comprovado por laudo de ensaio.

PARTE 6: SISTEMAS HIDROSSANITÁRIOS			
Verificação	Avaliação	Responsável	Comprovação
10. Estanqueidade			
10.1. Estanqueidade das instalações dos sistemas hidrossanitários de água fria e água quente			
10.1.1: Estanqueidade à água das instalações de água As tubulações do sistema predial de água não podem apresentar vazamento quando submetidas, durante 1 hora, à pressão hidrostática de 1,5 vezes o valor da pressão prevista em projeto, na mesma seção, e de, em nenhum caso, serem ensaiadas a pressões inferiores a 100 kPa.	Ensaio	Construtor	Laudo de ensaio
10.1.2: Estanqueidade à água de peças de utilização As peças de utilização não podem apresentar vazamento quando submetidas à pressão hidrostática máxima prevista em NBR 5626.	Ensaio	Construtor	Laudo do fornecedor
10.2. Estanqueidade das instalações dos sistemas de esgoto e de águas pluviais			
10.2.1: Estanqueidade das instalações de esgoto e de águas pluviais As tubulações dos sistemas de esgoto sanitário e de águas pluviais não podem apresentar vazamento quando submetidas à pressão estática de 60 kPa, durante 15 minutos, se o ensaio for feito com água, ou de 35 kPa, durante o mesmo período de tempo, com o ensaio feito com ar.	Ensaio	Construtor	Laudo de ensaio

PARTE 6: SISTEMAS HIDROSSANITÁRIOS			
Verificação	Avaliação	Responsável	Comprovação
10.2.2: Estanqueidade à água das calhas As calhas, com todos os seus componentes do sistema predial de águas pluviais, devem ser estanques, quando submetidas à obstrução das saídas e enchendo-as com água até no nível de transbordamento e verificando vazamentos.	Ensaio	Construtor	Laudo ensaio

11. Desempenho térmico

Esta parte da norma não estabelece requisitos isolados de desempenho térmico para sistemas hidrossanitários.

12. Desempenho acústico

Métodos de caráter não obrigatório constam no Anexo B da NBR 15575-6.

13. Desempenho lumínico

Esta parte da norma não estabelece requisitos isolados de desempenho lumínico para sistemas hidrossanitários.

14. Durabilidade e manutenibilidade
Requisito 14.1 – Vida útil de projeto das instalações hidrossanitárias

Critério 14.1.1: Vida útil de projeto

Segundo as listas 1 e 2, deve-se atender à Tabela 7 da NBR 15575-1, com vida útil de projeto maior ou igual a 20 anos. Como método de avaliação é indicada uma análise de projeto, de responsabilidade do projetista de instalações, comprovada por meio de declaração em projeto.

Critério 14.1.2: Projeto e execução das instalações hidrossanitárias

Segundo as listas 1 e 2, a qualidade do projeto e da execução dos sistemas hidrossanitários deve atender às Normas Brasileiras vigentes. Como método de avaliação é indicada uma análise de projeto, de responsabilidade do projetista de instalações, comprovada por meio de declaração em projeto. Seguir anexo A (lista de verificação para projetos) da NBR 15575-6.

Critério 14.1.3: Durabilidade dos sistemas, elementos, componentes e instalações

Segundo as listas 1 e 2, os elementos, componentes e instalações dos sistemas hidrossanitários devem possuir durabilidade compatível com vida útil de projeto. Como método de avaliação é indicada uma análise de projeto, de responsabilidade do projetista de instalações, comprovada por meio de declaração em projeto.

Requisito 14.2 – Manutenibilidade das instalações hidráulicas, de esgoto e de águas pluviais

Critério 14.2.1: Inspeções em tubulações de esgoto e águas pluviais

Segundo as listas 1 e 2, para as tubulações de esgoto e de águas pluviais devem ser previstos dispositivos de inspeção nas condições prescritas, respectivamente, das NBR 8160[78] e NBR 10844[79]. Como método de avaliação é indicada uma análise de projeto, de responsabilidade do projetista de instalações, comprovada por meio de declaração em projeto.

Critério 14.2.2: Manual de operação, uso e manutenção das instalações hidrossanitárias

Segundo as listas 1 e 2, o fornecedor do sistema hidrossanitário, de seus elementos ou componentes, deve especificar todas as suas condições de uso, operação e manutenção, incluindo o projeto *as built* (como construído). Como método de avaliação é indicada uma análise de projeto, de responsabilidade do construtor, comprovada por meio de solução descrita em projeto.

Entretanto, neste livro o método de avaliação sugerido é a apresentação do Manual de operação, uso e manutenção das instalações hidrossanitárias.

---

[78] ASSOCIAÇÃO BRASILEIRA DE NORMAS TÉCNICAS. **NBR 8160: Sistemas prediais de esgoto sanitário** – Projeto e execução. Rio de Janeiro, 1999.

[79] ASSOCIAÇÃO BRASILEIRA DE NORMAS TÉCNICAS. **NBR 10844: Instalações prediais de águas pluviais** – Procedimento. Rio de Janeiro, 1989.

NORMA DE DESEMPENHO DE EDIFICAÇÕES: MODELO DE APLICAÇÃO EM CONSTRUTORAS

PARTE 6: SISTEMAS HIDROSSANITÁRIOS			
Verificação	Avaliação	Responsável	Comprovação
14. Durabilidade e Manutenibilidade			
14.1. Vida útil de projeto das instalações hidrossanitárias			
14.1.1: Vida útil de projeto O projeto hidrossanitário deve apresentar atendimento à vida útil do projeto, de acordo com o Anexo C da NBR 15575-1, sendo a VUP mínima de 20 anos.	Análise de projeto	Projetista de instalações	Declaração em projeto
14.1.2: Projeto e execução das instalações hidrossanitárias A qualidade do projeto e da execução dos sistemas hidrossanitários deve atender às Normas Brasileiras vigentes. Seguir Anexo A da NBR 15575-6 (Lista de verificação para os projetos).	Análise de projeto	Projetista de instalações	Declaração em projeto
14.1.3: Durabilidade dos sistemas, elementos, componentes e instalações Os elementos, componentes e instalações dos sistemas hidrossanitários devem possuir durabilidade compatível com a vida útil do projeto. Dentro do projeto devem constar as especificações dos materiais utilizados	Análise de projeto	Projetista de instalações	Declaração em projeto
14.2. Manutenibilidade das instalações hidráulicas, de esgoto e de águas pluviais			
14.2.1: Inspeções em tubulações de esgoto e águas pluviais Nas tubulações de esgoto e de águas pluviais devem ser previstos dispositivos de inspeção nas condições prescritas, respectivamente, das NBR 8160 e NBR 10844.	Análise de projeto	Projetista de instalações	Declaração em projeto

PARTE 6: SISTEMAS HIDROSSANITÁRIOS			
Verificação	Avaliação	Responsável	Comprovação
14.2.2: Manual de operação, uso e manutenção das instalações hidrossanitárias O fornecedor do sistema hidrossanitário, de seus elementos ou componentes, deve especificar todas as suas condições de uso, operação e manutenção, incluindo o "Como Construído".	Análise de projeto	Construtor ou incorporador	Manual de operação, uso e manutenção

15. Saúde, higiene e qualidade do ar

Requisito 15.1 – Contaminação da água a partir dos componentes das instalações

Critério 15.1.1: Independência do sistema de água

Segundo a Lista 2, o sistema de água potável deve ser separado fisicamente de qualquer outra instalação que conduza água não potável de qualidade insatisfatória, desconhecida ou questionável. Como método de avaliação é indicado um ensaio, de responsabilidade do construtor, comprovado por meio de laudo do fornecedor.

A Lista 1 compartilha da mesma opinião da Lista 2 e acrescenta que o requisito solicita também a menção em projeto, de componentes que assegurem a não existência de sustâncias nocivas ou a presença de metais pesados.

Para este livro será considerada a Lista 2, sendo o método de avaliação a análise de projeto, de responsabilidade do projetista de instalações, que deve apresentar declaração em projeto, de que as redes de água potável e não potável estão separadas.

Requisito 15.2 – Contaminação biológica da água na instalação de água potável

Critério 15.2.1: Risco de contaminação biológica das tubulações

Segundo as listas 1 e 2, a superfície interna de todos os componentes que ficam em contato com a água potável deve ser lisa e fabricada de material lavável, para evitar a formação de aderência de biofilme. Como método de avaliação é indicado um ensaio, de responsabilidade do construtor, comprovado por meio de laudo do fornecedor.

Tubulações de PVC não precisam desse ensaio.

Critério 15.2.2: Risco de estagnação da água

Segundo as listas 1 e 2, os componentes da instalação hidráulica (tanques, pias de cozinha e válvulas de escoamento) não podem permitir o empoçamento de água nem estagnação causada pela insuficiência de renovação. Como método de avaliação é indicado um ensaio, de responsabilidade do construtor, comprovado por meio de laudo do fornecedor.

Requisito 15.3 – Contaminação da água potável do sistema predial

Critério 15.3.1: Tubulações e componentes de água potável enterrados

Segundo as listas 1 e 2, os componentes do sistema de instalação enterrados devem ser protegidos contra entrada de animais ou corpos estranhos, bem como de líquidos que possam contaminar a água potável, estando em conformidade com as NBR 5626[80] e NBR 8160[81]. Como método de avaliação é indicada uma análise de projeto, de responsabilidade do projetista de instalações, comprovada por declaração em projeto.

Requisito 15.4 – Contaminação por refluxo de água

Critério 15.4.1: Separação atmosférica

Segundo as listas 1 e 2, a separação atmosférica por física ou mediante equipamentos deve atender às premissas da NBR 5626[82]. Como método de avaliação é indicada uma análise de projeto, de responsabilidade do projetista de instalações, comprovada por declaração em projeto.

---

[80] ASSOCIAÇÃO BRASILEIRA DE NORMAS TÉCNICAS. **NBR 5626: Sistemas prediais de água fria e água quente** - Projeto, execução, operação e manutenção. Rio de Janeiro, 2020.

[81] ASSOCIAÇÃO BRASILEIRA DE NORMAS TÉCNICAS. **NBR 8160: Sistemas prediais de esgoto sanitário** – Projeto e execução. Rio de Janeiro, 1999.

[82] ASSOCIAÇÃO BRASILEIRA DE NORMAS TÉCNICAS. **NBR 5626: Sistemas prediais de água fria e água quente** - Projeto, execução, operação e manutenção. Rio de Janeiro, 2020.

Requisito 15.5 – Ausência de odores provenientes da instalação de esgoto

Critério 15.5.1: Estanqueidade aos gases

Segundo as listas 1 e 2, o sistema de esgoto sanitário deve ser projetado a não ocorrer retrossifonagem ou quebra do fecho hídrico. Como método de avaliação é indicada uma análise de projeto, de responsabilidade do projetista de instalações, comprovada por declaração em projeto de que a tubulação de ventilação do sistema de esgoto atende à NBR 8160[83].

Requisito 15.6 – Contaminação do ar ambiente pelos equipamentos

Critério 15.6.1: Teor de poluentes

Segundo as listas 1 e 2, os ambientes não podem apresentar teor de CO_2 superior a 0,5% e de CO superior a 30 ppm (equipamentos a gás). Como método de avaliação é indicada uma análise de projeto, de responsabilidade do projetista de instalações, comprovada por declaração em projeto, e inspeção, de responsabilidade do construtor, comprovada por relatório de inspeção.

PARTE 6: SISTEMAS HIDROSSANITÁRIOS			
Verificação	Avaliação	Responsável	Comprovação
15. Saúde, higiene e qualidade do ar			
15.1. Contaminação da água a partir dos componentes das instalações			
15.1.1: Independência do sistema de água O sistema de água potável deve ser separado fisicamente de qualquer outra instalação que conduza água não potável de qualidade insatisfatória, desconhecida ou questionável.	Análise de projeto	Projetista de instalações	Declaração em projeto

---

[83] ASSOCIAÇÃO BRASILEIRA DE NORMAS TÉCNICAS. **NBR 8160: Sistemas prediais de esgoto sanitário** – Projeto e execução. Rio de Janeiro, 1999.

NORMA DE DESEMPENHO DE EDIFICAÇÕES: MODELO DE APLICAÇÃO EM CONSTRUTORAS

PARTE 6: SISTEMAS HIDROSSANITÁRIOS			
Verificação	**Avaliação**	**Responsável**	**Comprovação**
15.2. Contaminação biológica das tubulações			
15.2.1: Risco de contaminação biológica das tubulações A superfície interna de todos os componentes que ficam em contato com a água potável deve ser lisa e fabricada de material lavável para evitar a formação de aderência de biofilme. Se for de PVC não precisa ensaio.	Ensaio	Construtor	Laudo do fornecedor
15.2.2: Risco de estagnação da água Os componentes da instalação hidráulica (tanques, pias de cozinha e válvulas de escoamento) não podem permitir o empoçamento de água nem estagnação causada pela insuficiência de renovação.	Ensaio	Construtor	Laudo do fornecedor
15.3. Contaminação da água potável do sistema predial			
15.3.1: Tubulações e componentes de água potável enterrados Os componentes do sistema de instalação enterrados devem ser protegidos contra entrada de animais ou corpos estranhos, bem como de líquidos que possam contaminar a água potável, estando em conformidade com as NBR 5626 e NBR 8160.	Análise de projeto	Projetista de instalações	Declaração em projeto
15.4. Contaminação por refluxo de água			
15.4.1: Separação atmosférica A separação atmosférica por física ou mediante equipamentos deve atender às premissas da NBR 5626.	Análise de projeto	Projetista de instalações	Declaração em projeto

PARTE 6: SISTEMAS HIDROSSANITÁRIOS			
Verificação	Avaliação	Responsável	Comprovação
15.5. Ausência de odores provenientes da instalação de esgoto			
15.5.1: Estanqueidade aos gases O sistema de esgoto sanitário deve ser projetado a não ocorrer retrossifonagem ou quebra do fecho hídrico. Tubulação de ventilação.	Análise de projeto	Projetista de instalações	Declaração em projeto
15.6. Contaminação do ar ambiente pelos equipamentos			
15.6.1: Teor de poluentes	Análise de projeto	Projetista de instalações	Declaração em projeto
Os ambientes não podem apresentar teor de CO2 superior a 0,5% e de CO superior a 30 ppm (equipamentos a gás).	Inspeção	Construtor	Relatório de inspeção

16. Funcionalidade e acessibilidade

Requisito 16.1 – Funcionamento das instalações de água

Critério 16.1.1: Dimensionamento da instalação de água fria e quente

As listas 1 e 2 sugerem que o sistema predial de água fria e quente deve fornecer água na pressão, vazão e volume compatíveis com o uso, associado a cada ponto de utilização, considerando a possibilidade de uso simultâneo. Como método de avaliação é indicada uma análise de projeto, de responsabilidade do projetista de instalações, comprovada por declaração em projeto.

Critério 16.1.2: Funcionamento de dispositivos de descarga

As listas 1 e 2 citam que as caixas e válvulas de descarga devem atender ao disposto das NBR 15491[84] e NBR 15857[85], no que se refere à vazão e ao volume de descarga. Como método de avaliação é indicado um ensaio, de responsabilidade do construtor, comprovado por laudo do fornecedor.

---

[84] ASSOCIAÇÃO BRASILEIRA DE NORMAS TÉCNICAS. **NBR 15491: Caixa de descarga para limpeza de bacias sanitárias** – Requisitos e métodos de ensaio. Rio de Janeiro, 2010.

[85] ASSOCIAÇÃO BRASILEIRA DE NORMAS TÉCNICAS. **NBR 15857: Válvula de descarga para limpeza de bacias sanitárias** Requisitos e métodos de ensaio. Rio de Janeiro, 2011.

Requisito 16.2 – Funcionamento das instalações de esgoto

Critério 16.2.1: Dimensionamento da instalação de esgoto

As listas 1 e 2 indicam que o sistema predial de esgoto deve coletar e afastar nas vazões com que normalmente são descarregados os aparelhos sem que haja transbordamento, acúmulo na instalação, contaminação do solo ou retorno a aparelhos não utilizados. Como método de avaliação é indicada uma análise de projeto, de responsabilidade do projetista de instalações, comprovada por declaração em projeto.

Requisito 16.3 – Funcionamento das instalações de águas pluviais

Critério 16.3.1: Dimensionamento de calhas e condutores

Segundo as listas 1 e 2, as calhas e condutores devem suportar vazão de projeto, calculada a partir da intensidade de chuva adotada para a localidade e para certo período de retorno. Como método de avaliação é indicada uma análise de projeto, de responsabilidade do projetista de instalações, comprovada por declaração em projeto.

PARTE 6: SISTEMAS HIDROSSANITÁRIOS			
Verificação	Avaliação	Responsável	Comprovação
16. Funcionalidade e acessibilidade			
16.1. Funcionamento das instalações de água			
16.1.1: Dimensionamento da instalação de água fria e quente O sistema predial de água fria e quente deve fornecer água na pressão, vazão e volume compatíveis com o uso, associado a cada ponto de utilização, considerando a possibilidade de uso simultâneo.	Análise de projeto	Projetista de instalações	Declaração em projeto
16.1.2: Funcionamento de dispositivos de descarga As caixas e válvulas de descarga devem atender ao disposto das NBR 15491 e NBR 15857, no que se refere à vazão e ao volume de descarga.	Ensaio	Construtor	Laudo do fornecedor

PARTE 6: SISTEMAS HIDROSSANITÁRIOS			
Verificação	Avaliação	Responsável	Comprovação
16.2. Funcionamento das instalações de esgoto			
16.2.1: Dimensionamento da instalação de esgoto O sistema predial de esgoto deve coletar e afastar nas vazões com que normalmente são descarregados os aparelhos sem que haja transbordamento, acúmulo na instalação, contaminação do solo ou retorno a aparelhos não utilizados.	Análise de projeto	Projetista de instalações	Declaração em projeto
16.3. Funcionamento das instalações de águas pluviais			
16.3.1: Dimensionamento de calhas e condutores As calhas e condutores devem suportar a vazão de projeto, calculada a partir da intensidade de chuva adotada para a localidade e para certo período de retorno.	Análise de projeto	Projetista de instalações	Declaração em projeto

17. Conforto tátil e antropodinâmico
Requisito 17.1 – Conforto na operação dos sistemas prediais

Critério 17.2: Adaptação ergonômica dos equipamentos

Segundo as listas 1 e 2, as peças de utilização, inclusive registros de manobra, devem possuir volantes ou dispositivos com formato e dimensões que proporcionem torque ou força adequada de acionamento. Esse item apresenta uma lista das normas pertinentes a cada equipamento, tais como a NBR 16479[86] e a NBR 15491[87]. Como método de avaliação é indicado um ensaio, de responsabilidade do setor de compras do construtor, comprovado por laudo do fornecedor.

---

[86] ASSOCIAÇÃO BRASILEIRA DE NORMAS TÉCNICAS. **NBR 16479: Aparelhos sanitários** - Misturadores - Requisitos e métodos de ensaio. Rio de Janeiro, 2019.

[87] ASSOCIAÇÃO BRASILEIRA DE NORMAS TÉCNICAS. **NBR 15491: Caixa de descarga para limpeza de bacias sanitárias** – Requisitos e métodos de ensaio. Rio de Janeiro, 2010.

PARTE 6: SISTEMAS HIDROSSANITÁRIOS			
Verificação	Avaliação	Responsável	Comprovação
17. Conforto tátil e antropodinâmico			
17.1. Conforto na operação dos sistemas prediais			
17.2: Adaptação ergonômica dos equipamentos As peças de utilização, inclusive registros de manobra, devem possuir volantes ou dispositivos com formato e dimensões que proporcionem torque ou força adequada de acionamento, de acordo com as normas pertinentes, tais como a NBR 16479 e a NBR 15491.	Ensaio	Construtor	Laudo do fornecedor

18. Adequação ambiental
Requisito 18.1 – Uso racional da água

Critério 18.1.1: Consumo de água em bacias sanitárias

Segundo as listas 1 e 2, as bacias sanitárias devem ser de volume de descarga de acordo com as especificações da NBR 15097-1[88]. Como método de avaliação é indicado um ensaio, de responsabilidade do setor de compras do construtor, comprovado por laudo do fornecedor.

Critério 18.1.2: Fluxo de água em peças de utilização

As listas 1 e 2 indicam que as peças de utilização (metais sanitários) devem possuir vazão que permita tornar mais eficiente possível o uso da água nelas utilizada. Como método de avaliação é indicado um ensaio, de responsabilidade do setor de compras do construtor, comprovado por laudo do fornecedor.

---

[88] ASSOCIAÇÃO BRASILEIRA DE NORMAS TÉCNICAS. **NBR 15097-1: Aparelhos sanitários de material cerâmico** – Requisitos e métodos de ensaios. Rio de Janeiro, 2011.

Requisito 18.2 – Contaminação do solo e do lençol freático

Critério 18.2.1: Tratamento e disposição de efluentes

As listas 1 e 2 comentam que os sistemas prediais de esgoto sanitário devem estar ligados à rede pública de esgoto ou a um sistema localizado de tratamento e disposição de efluentes, atendendo as NBR 8160[89] e NBR 17076[90]. Como método de avaliação é indicada uma análise de projeto, de responsabilidade do projetista de instalações, comprovada por declaração em projeto.

PARTE 6: SISTEMAS HIDROSSANITÁRIOS			
Verificação	Avaliação	Responsável	Comprovação
18. Adequação ambiental			
18.1. Uso racional da água			
18.1.1: Consumo de água em bacias sanitárias As bacias sanitárias devem ter volume de descarga de acordo com as especificações da NBR 15097-1.	Ensaio	Construtor	Laudo do fornecedor
18.1.2: Fluxo de água em peças de utilização As peças de utilização (metais sanitários) devem possuir vazão que permita tornar mais eficiente possível o uso da água nelas utilizada.	Ensaio	Construtor	Laudo do fornecedor

---

[89] ASSOCIAÇÃO BRASILEIRA DE NORMAS TÉCNICAS. **NBR 8160: Sistemas prediais de esgoto sanitário** – Projeto e execução. Rio de Janeiro, 1999.

[90] ASSOCIAÇÃO BRASILEIRA DE NORMAS TÉCNICAS. **NBR 17076: Projeto de sistema de tratamento de esgoto de menor porte** — Requisitos. Rio de Janeiro, 2024.

PARTE 6: SISTEMAS HIDROSSANITÁRIOS			
Verificação	Avaliação	Responsável	Comprovação
18.2. Contaminação do solo e do lençol freático			
18.2.1: Tratamento e disposição de efluentes Os sistemas prediais de esgoto sanitário devem estar ligados à rede pública de esgoto ou a um sistema localizado de tratamento e disposição de efluentes, atendendo as NBR 8160 e NBR 17076.	Análise de projeto	Projetista de instalações	Declaração em projeto

3

ANÁLISE DOS ENSAIOS REQUERIDOS PELA NORMA DE DESEMPENHO

Marcelo Fabiano Costella
Nícolas Staine de Souza

3.1 INTRODUÇÃO

A normatização de desempenho de edificações habitacionais trouxe uma grande quantidade de conteúdo complexo e importante para os meios profissional e acadêmico. Este capítulo busca interpretar e caracterizar a normatização de desempenho de seus requisitos e métodos de avaliação com enfoque nos ensaios de laboratório e de tipo[91]. Assim, será apresentada uma série de tabelas, separadas por categorias de desempenho (e não por parte na norma de desempenho, como foi apresentada a lista de verificação), que apresentam os ensaios de cunho obrigatório da norma, seguidos de discussões do procedimento de ensaios e suas particularidades. Este capítulo contribui para a discussão sobre quais ensaios são necessários e como deverão ser realizados, o que não está claro na norma de desempenho.

Para realização deste capítulo foi feito um mapeamento de todos os requisitos apresentados na norma de desempenho, sendo que para cada requisito foram observados seus objetivos, critérios e os métodos de avaliação. Dentre as atividades em campo realizadas para esse fim pode-se destacar as visitas e consultas técnicas a Instituições Técnicas Avaliadoras (ITA) da região sul do Brasil (ITT Performance Unisinos/RS, Senai Criciúma/SC e Lactec Curitiba/PR), para investigação e melhor conhecimento dos ensaios utilizados na avaliação de desempenho, além das discussões dos métodos de avaliação de desempenho com especialistas de cada área.

A partir disso, os requisitos da norma de desempenho foram quantificados e documentados em planilhas, classificando-os por sistemas (partes da norma), categoria de desempenho e a normatização que rege o

---

[91] Parte deste capítulo pode ser encontrado em: COSTELLA, M. F.; SOUZA, N. S.; PILZ, S. E.; LANTELME, E. M. V. Análise dos métodos de avaliação na coletânea de normas de desempenho com enfoque nos ensaios. **Revista de Engenharia e Tecnologia**, v. 9, n. 1, p. 167-176, 2017.

procedimento de avaliação. Após esse mapeamento inicial foram analisados os tipos de métodos de avaliação de desempenho categorizados como: (a) ensaios de laboratório (ex.: propagação de chamas em vedações verticais, ignição de chama de materiais); (b) ensaios de campo (ex.: isolamento acústico entre pisos, teste de estanqueidade após impermeabilização); (c) inspeções em protótipos ou em campo (ex.: protótipo para teste de rota de fuga em incêndio); (d) análises e/ ou simulações de projeto (ex.: análise do projeto preventivo de incêndio conforme normas do Corpo de Bombeiros, simulação de desempenho térmico em software).

O Quadro 4 exemplifica as planilhas elaboradas para analisar e quantificar os tipos de métodos de avaliação de desempenho. Observa-se que na norma é proposto mais de um método de avaliação para um determinado critério ou requisito (campos preenchidos por cores).

QUADRO 4 – MAPEAMENTO DOS MÉTODOS DE AVALIAÇÃO DE DESEMPENHO

MÉTODOS DE AVALIAÇÃO DE DESEMPENHO – VEDAÇÕES VERTICAIS – NBR 15575					
ESTANQUEIDADE					
REQUISITO	SISTEMA	ENSAIO LABORA-TÓRIO	ENSAIO DE CAMPO	INSPE-ÇÃO EM PROTÓTI-PO OU EM CAMPO	ANÁLI-SE E/OU SIMULA-ÇÃO DE PROJETO
Escala de custo		Maior Investi-mento			Menor Investi-mento
Estanqueidade à agua da chuva, considerando-se a ação dos ventos	Vedações verticais externas (fachada)				
Umidade decorrente da ocupação do imóvel	Vedações verticiais externa e internas				
Estanqueidade de superfícies em contato com áreas molhadas	Vedações verticiais internas e externas				

FONTE – ELABORADO PELO AUTOR

No entanto, para simplificar a avaliação para a aplicação das empresas, para cada requisito apenas um método de avaliação foi contabilizado. O critério utilizado para simplificação foi o nível de investimento demandado para avaliação de cada requisito. Neste livro foram priorizadas as avaliações de desempenho realizadas por meio de análises e simulações de projeto, seguidas de inspeções e por último, os métodos que demandam maior investimento, os ensaios de tipo e laboratório. Assim, quando dois métodos de avaliação eram mencionados na norma, apenas o método de menor investimento foi contabilizado.

3.2 APRESENTAÇÃO DOS ENSAIOS OBRIGATÓRIOS POR CATEGORIA DE DESEMPENHO

Os quadros são apresentados por categoria de desempenho (e não por partes da norma) pelo fato de que, para cada categoria de desempenho, há uma tendência de utilização dos mesmos equipamentos para realização dos ensaios, o que facilita a compreensão.

A apresentação e a discussão dos resultados foram organizadas em Quadros (Quadro 5 a 11), que apresentam os requisitos e os critérios analisados, seu respectivo ensaio de laboratório ou campo (especificado no cabeçalho das tabelas) e uma breve discussão.

QUADRO 5 – ENSAIOS OBRIGATÓRIOS DE DESEMPENHO ESTRUTURAL

ENSAIOS LABORATORIAIS DE DESEMPENHO ESTRUTURAL – TOTAL = 11			
REQUISITO	**SISTEMA**	**ENSAIO**	**INCUMBÊNCIA**
3 – 7.4.2	PISOS	Ensaio de impacto de corpo duro	FORNECEDOR
3 – 7.5.2	PISOS	Ensaio de resistência a cargas verticais concentradas	FORNECEDOR
4 – 7.4.2	VEDAÇÕES	Ensaio de impacto de corpo mole	CONSTRUTOR
4 – 7.3.3	VEDAÇÕES	Ensaio de resistência a solicitações de cargas de peças suspensas	CONSTRUTOR
4 – 7.5.1.1	VEDAÇÕES	Ensaio de resistência a ações transmitidas por portas	CONSTRUTOR
4 – 7.6.2	VEDAÇÕES	Ensaio de impacto de corpo duro	CONSTRUTOR

ENSAIOS LABORATORIAIS DE DESEMPENHO ESTRUTURAL – TOTAL = 11			
REQUISITO	SISTEMA	ENSAIO	INCUMBÊNCIA
4 – 7.7.2	VEDAÇÕES	Ensaio de cargas incidentes em guarda-corpos e parapeitos de janelas	CONSTRUTOR
5 – 7.5.2	COBERTURA	Ensaio de resistência à ação do granizo ou cargas acidentais em telhados	FORNECEDOR
6 – 7.2.4.1	INSTALAÇÕES	Ensaio de impacto de corpo-mole e corpo-duro	CONSTRUTOR
6 – 7.1.1.1	INSTALAÇÕES	Ensaio de resistência mecânica de tubulações suspensas	CONSTRUTOR
6 – 7.2.1.1	INSTALAÇÕES	Ensaio de sobrepressão máxima no fechamento de válvulas de descarga	FORNECEDOR

FONTE – ELABORADO PELO AUTOR

A categoria de desempenho estrutural apresenta o maior número de ensaios (Quadro 5). Apesar do grande número, consistem em três tipos de ensaios aplicados a vários subsistemas: impacto de corpo-mole, impacto de corpo-duro e resistência mecânica. Esses tipos de ensaios contemplam procedimentos técnicos e aparelhagem simples (estruturas de apoio, corpos percussores, defletômetros etc.), que estão disponíveis em diversos laboratórios de engenharias civil e mecânica no Brasil. Logo, é possível afirmar que os ensaios obrigatórios para desempenho estrutural são de simples atendimento, bastando que os laboratórios façam pequenas adaptações em seus equipamentos para atendê-los.

Ao contrário dos ensaios de cunho estrutural, os ensaios relacionados com a segurança contra incêndio (Quadro 6) são extremamente complexos, visto que envolvem estrutura e aparelhagem avançada e de alto custo (como câmeras queimadoras com alto consumo de GLP e outros aparelhos simuladores de situação de ignição e incêndio).

Em função disso, esses ensaios são restritos, sendo ofertados em quatro laboratórios em todo o Brasil. Por outro lado, quando um sistema for ensaiado, basta que sejam mantidas as mesmas características que o ensaio terá validade indeterminada. O mesmo raciocínio vale também para os materiais ensaiados para ignição e propagação de chamas, que necessitam ser ensaiados apenas uma vez porque o ensaio está relacionado com uma característica do material. Assim, ao longo do tempo, o número de ensaios tende a diminuir.

QUADRO 6 – ENSAIOS OBRIGATÓRIOS DE DESEMPENHO EM SEGURANÇA CONTRA INCÊNDIO

ENSAIOS LABORATORIAIS DE SEGURANÇA CONTRA INCÊNDIO – TOTAL = 12			
REQUISITO	SISTEMA	ENSAIO	INCUMBÊNCIA
3 – 8.2.2	PISOS	Ensaio para determinação do índice de propagação superficial de chama em pisos	FORNECEDOR
3 – 8.2.4	PISOS	Ensaio para avaliar a reação ao fogo da face superior de sistemas de piso	FORNECEDOR
3 – 8.3.4	PISOS	Ensaio de resistência ao fogo: selagem corta-fogo das prumadas elétricas e hidráulicas	FORNECEDOR
3 – 8.3.6	PISOS	Ensaio de resistência ao fogo: selagem corta-fogo de tubulações de materiais poliméricos	FORNECEDOR
3 – 8.3.8	PISOS	Ensaio de resistência ao fogo: selagem cortafogo dos registros corta-fogo nas tubulações de ventilação forçada	FORNECEDOR
3 – 8.3.10	PISOS	Ensaio de resistência ao fogo: selagem corta-fogo das prumadas enclausuradas	FORNECEDOR
3 – 8.3.11	PISOS	Ensaio de resistência ao fogo: selagem corta-fogo das prumadas de ventilação permanente de banheiros	FORNECEDOR
4 – 8.2.2	VEDAÇÕES	Ensaio para determinação do índice de propagação superficial de chama em sistemas de vedação (reação ao fogo da face interna e miolos isolantes)	FORNECEDOR

ENSAIOS LABORATORIAIS DE SEGURANÇA CONTRA INCÊNDIO – TOTAL = 12			
REQUISITO	SISTEMA	ENSAIO	INCUMBÊNCIA
4 – 8.3.2	VEDAÇÕES	Ensaio para determinação do índice de propagação superficial de chama em sistemas de vedação (reação ao fogo da face externa)	FORNECEDOR
4 – 8.4.2	VEDAÇÕES	Ensaio para determinação da resistência ao fogo de elementos de vedação com função estrutural ou não	CONSTRUTOR
5 8.2.1.1	COBERTURA	Ensaio para determinação do índice de propagação superficial de chama em sistemas de vedação (avaliação da reação ao fogo dos materiais de revestimento e acabamento de sistemas de cobertura, face interna)	FORNECEDOR
5 8.2.2.1	COBERTURA	Ensaio para determinação do índice de propagação superficial de chama em sistemas de vedação (avaliação da reação ao fogo dos materiais de revestimento e acabamento de sistemas de cobertura, face externa)	FORNECEDOR

FONTE – ELABORADO PELO AUTOR

Os ensaios de estanqueidade (Quadro 7) para os sistemas de cobertura utilizam aparelhagem diferenciada, como câmaras aspersoras, e são encontrados nas Instituições Técnicas Avaliadoras (ITA) da região sul do Brasil. Os ensaios de impermeabilidade são ensaios de campo comumente utilizados pelas empresas para proceder a liberação do serviço de impermeabilização.

Já a avaliação de sistemas hidrossanitários está ligada novamente à incumbência dos fabricantes de componentes, embora o ensaio de estanqueidade do sistema deva ser feito para cada obra.

QUADRO 7 – ENSAIOS OBRIGATÓRIOS DE DESEMPENHO EM ESTANQUEIDADE

ENSAIOS LABORATORIAIS DE ESTANQUEIDADE – TOTAL = 9			
REQUISITO	SISTEMA	ENSAIO	INCUMBÊNCIA
3 – 10.4.1.1	PISOS	Ensaio de verificação da estanqueidade de áreas molhadas	CONSTRUTOR
4 – 10.1.1.1	VEDAÇÕES	Ensaio de verificação da estanqueidade à água de SVVE	CONSTRUTOR
5 – 10.1.1	COBERTURA	Ensaio de impermeabilidade de sistemas de cobertura	CONSTRUTOR
5 – 10.2.1	COBERTURA	Ensaio de estanqueidade de sistemas de cobertura	CONSTRUTOR
5 – 10.5.1	COBERTURA	Ensaio de estanqueidade de sistemas de cobertura impermeabilizados	CONSTRUTOR
6 – 10.1.1.1	INSTALAÇÕES	Ensaio de estanqueidade à água do sistema de água fria	CONSTRUTOR
6 – 10.1.2.1	INSTALAÇÕES	Ensaio de estanqueidade de peças de utilização	FORNECEDOR
6 – 10.2.1.1	INSTALAÇÕES	Ensaio de estanqueidade das instalações de esgoto e águas pluviais	CONSTRUTOR
6 – 10.2.2.1	INSTALAÇÕES	Estanqueidade à água das calhas (ensaio de campo)	CONSTRUTOR

FONTE – ELBORADO PELO AUTOR

Os ensaios de desempenho acústico (Quadro 8) têm sido o "gargalo" dos ensaios da norma de desempenho devido a: a) existem poucos laboratórios disponíveis para ensaio completo de acústica; b) o ensaio precisa ser realizado em cada obra, ou melhor, em cada obra que utilizar sistemas e componentes diferentes dos que já foram ensaiados; c) exige o acompanhamento de profissional altamente especializado durante a realização do ensaio, o que aumenta o custo do ensaio; d) é baseado somente em normas internacionais. Outra questão importante é o fato de que não basta somente realizar o ensaio quando a obra estiver pronta porque o resultado pode ser aquém do esperado. É necessário projetar e executar os tratamentos acústicos para atingir o resultado desejado, o que, muitas vezes, demanda ensaios intermediários.

QUADRO 8 – ENSAIOS OBRIGATÓRIOS DE DESEMPENHO ACÚSTICO

ENSAIOS DE CAMPO DE DESEMPENHO ACÚSTICO – TOTAL = 6			
REQUISITO	SISTEMA	ENSAIO	INCUMBÊNCIA
3 – 12.3.1.1	PISOS	Ensaio de níveis de ruídos permitidos na habitação, ruído de impacto em sistemas de piso	CONSTRUTOR
3 – 12.3.2.1	PISOS	Ensaio de isolamento de ruído aéreo dos sistemas de pisos entre unidades habitacionais	CONSTRUTOR
4 – 12.3.1.1	VEDAÇÕES	Ensaio de níveis de ruídos permitidos na habitação, diferença de nível ponderada, promovida pelas vedações externas	CONSTRUTOR
4 –12.3.2.1	VEDAÇÕES	Ensaio de níveis de ruídos permitidos na habitação, diferença de nível ponderada, promovida pela vedação entre ambientes	CONSTRUTOR
5 – 12.3.2	COBERTURA	Ensaio de isolamento acústico da cobertura devido a sons aéreos	CONSTRUTOR
5 – 12.4.1	COBERTURA	Ensaio de nível de ruído de impacto nas coberturas acessíveis de uso coletivo	CONSTRUTOR

FONTE – ELABORADOI PELO AUTOR

A avaliação do desempenho de durabilidade e manutenibilidade (Quadro 9) contemplam vários ensaios. Entre eles, apenas o de avaliação de ação de calor e choque térmico em vedações externas de fachada é de elevada complexidade, pois utiliza aparelhagem de alto custo, bem como procedimento técnico minucioso, disponível somente em uma ITA no sul do Brasil. Os demais ensaios costumam ser fornecidos pelo fabricante dos pisos, da cobertura e de componentes do sistema hidrossanitário.

QUADRO 9 – ENSAIOS OBRIGATÓRIOS DE DESEMPENHO EM DURABILIDADE E MANUTENIBILIDADE

ENSAIOS LABORATORIAIS DURABILIDADE E MANUTENIBILIDADE E FUNCIONALIDADE – TOTAL = 8			
REQUISITO	**SISTEMAS**	**ENSAIO**	**INCUMBÊNCIA**
3 – 14.2.2	PISOS	Ensaio de resistência à umidade do sistema de pisos de áreas molhadas e molháveis	CONSTRUTOR
3 – 14.3.2	PISOS	Ensaio de resistência a ataques químicos em revestimentos de pisos	FORNECEDOR
3 – 14.4.2	PISOS	Ensaio de resistência à abrasão dos revestimentos de pisos	FORNECEDOR
4 – 14.1.1	VEDAÇÕES	Ensaio de resistência a ação de calor e choque térmico em vedações externas de fachada	CONSTRUTOR
5 – 14.2.1	COBERTURA	Ensaio de estabilidade da cor de telhas e de outros componentes da cobertura	FORNECEDOR
6 – 15.2.1	HIDROSSANITÁRIO	Ensaio de rugosidade interna de tubulações	FORNECEDOR
6 – 15.2.2.1	HIDROSSANITÁRIO	Ensaio de capacidade de escoamento de componentes de instalação hidrossanitária	FORNECEDOR
6 – 16.1.2.1	HIDROSSANITÁRIO	Ensaio de capacidade de volume de descarga	FORNECEDOR

FONTE – ELABORADO PELO AUTOR

Os ensaios de confortos tátil e antropodinâmicos (Quadro 10) são focados em componentes hidrossanitários e, como estão ligados diretamente aos fabricantes, são eles que realizam os ensaios e apresentam os laudos aos construtores que utilizarem o seu produto.

QUADRO 10 – ENSAIOS OBRIGATÓRIOS DE DESEMPENHO EM CONFORTO TÁTIL E ANTROPODINÂMICO E ADEQUAÇÃO AMBIENTAL

LABORATORIAIS CONFORTO TÁTIL E ANTROPODINÂMICO, ADEQUAÇÃO AMBIENTAL – TOTAL=4			
REQUISITO	SISTEMA	ENSAIO	INCUMBÊNCIA
1 – 17.3.2	GERAL	Força para acionamento de manobra	FORNECEDOR
6 17.2.1	INSTALAÇÕES	Ensaio de conforto na operação dos sistemas prediais, adequação ergonômica dos equipamentos hidrossanitários	FORNECEDOR
6 18.1.1.1	INSTALAÇÕES	Ensaio de consumo de água em bacias sanitárias	FORNECEDOR
6 18.1.2.1	INSTALAÇÕES	Ensaio de fluxo de água em peças de utilização, vazão em metais sanitários	FORNECEDOR

FONTE – ELABORADO PELO AUTOR

Para os ensaios de segurança no uso e operação (Quadro 11) se aplicam os mesmos conceitos explicados no item anterior, com exceção do ensaio de coeficiente de atrito de pisos, que tem apresentado polêmica no que diz respeito aos seus resultados. O fato é que alguns pisos com coeficiente de atrito aceitável pela norma, na prática, quando molhados continuam sendo perigosamente escorregadios, ou seja, não apresentam o desempenho esperado, mesmo sendo "aprovados" no ensaio. Enfim, o ensaio é simples e, habitualmente, já é apresentado o laudo pelo fornecedor, mas os resultados na prática não são satisfatórios.

QUADRO 11 – ENSAIOS OBRIGATÓRIOS DE DESEMPENHO EM SEGURANÇA NO USO E NA OPERAÇÃO

ENSAIOS LABORATORIAIS DE SEGURANÇA NO USO E NA OPERAÇÃO – TOTAL = 4			
REQUISITO	SISTEMA	ENSAIO	INCUMBÊNCIA
3-9.1.2	PISOS	Ensaio do coeficiente de atrito da camada de acabamento de sistemas de piso	FORNECEDOR

ENSAIOS LABORATORIAIS DE SEGURANÇA NO USO E NA OPERAÇÃO – TOTAL = 4			
REQUISITO	SISTEMA	ENSAIO	INCUMBÊNCIA
6 9.1.2.1	INSTALAÇÕES	Ensaio de corrente de fuga em equipamentos em metais hidrossanitários	FORNECEDOR
6 – 9.3.2.1	INSTALAÇÕES	Ensaio de resistência mecânica de peças e aparelhos sanitários	FORNECEDOR
6 – 9.4.2	INSTALAÇÕES	Ensaio de limitação da temperatura de utilização da água de sistemas hidrossanitários	FORNECEDOR

FONTE – ELABORADO PELO AUTOR

3.3 INCUMBÊNCIA DA REALIZAÇÃO DOS ENSAIOS

Um paradigma na indústria da construção perante a normatização de desempenho é como proceder na avaliação de requisitos pelo método de ensaio e qual é o interveniente responsável pela sua realização. Primeiramente, é importante destacar que a incumbência de realização de ensaios apresentada pela coletânea de normas de desempenho é por parte do fornecedor, que deve caracterizar o desempenho de seus produtos de acordo com a norma mediante fornecimento de resultados comprobatórios de desempenho (laudos técnicos de resultado de ensaio), portanto o ponto-chave para os agentes que buscam aplicar a norma é o acesso à informação técnica dos componentes, elementos e sistemas a serem utilizados.

No entanto, no cenário atual isso ainda não ocorre naturalmente, visto que são raros os fornecedores que caracterizam o desempenho de seus produtos. Isso dificulta a implantação da engenharia de desempenho, pois é fundamental a mobilização de todos os intervenientes do processo construtivo para o funcionamento da envoltória de desempenho e que esta não apresenta resultados satisfatórios quando exercida de forma desconexa ou independente por parte dos seus agentes.

Ainda que a normatização de desempenho brasileira aponte o interveniente incumbido a realizar os ensaios, esse ponto ainda é muito discutido. Os fornecedores de insumos da construção apontam que nem todos os ensaios propostos pela normatização de desempenho deveriam ser de sua responsabilidade, pois parte dos ensaios contemplam a análise do desempenho de sistemas e elementos como um todo. Já que os fornecedores fabricam apenas componentes, logo, o desempenho de um sistema sofre maior influência do procedimento técnico de aplicação daquele componente e de componentes independentes e essenciais para produção do sistema do que seus produtos propriamente ditos. Portanto, é sugerido que os ensaios que têm como amostragem sistemas por completo sejam incumbência de construtores que reproduziram aquele sistema e apenas os ensaios que têm amostragem de componentes individuais sejam realizados por fornecedores.

Por exemplo, o ensaio de impacto de corpo mole do requisito 7.4.2 da Parte 4 de SVVIE trata da resistência mecânica de sistemas de vedações verticais internos ou externos. Se o caso for um sistema convencional de vedação com alvenaria de blocos cerâmicos ou de concreto assentados com argamassa convencional ou polimérica, esse ensaio analisa a resistência de um sistema que depende do desempenho de, pelo menos, dois componentes e que não derivam de um único fornecedor ou até de um único interveniente; ou seja, não é conveniente ao fornecedor de blocos realizar os ensaios e declarar o desempenho de um sistema que não é de sua total autoria.

Já outro exemplo, do ensaio de desempenho de segurança contra incêndio, referente ao requisito 8.2.4 da Parte 3, que verifica a reação ao fogo da face externa de um sistema de piso, o qual, usualmente, é composto de um único componente como peças cerâmicas, pisos laminados, emborrachados, entre outros. Dessa forma, pode-se afirmar que um ensaio nessas condições deve ser realizado por fornecedores de revestimentos para piso, assim como os ensaios de durabilidade e manutenibilidade que tratam da resistência a ataques químicos em revestimentos de sistemas de pisos ou, ainda, os ensaios de segurança no uso e na operação que avalia o coeficiente de atrito da camada superficial dos revestimentos.

Entretanto, para o ensaio de reação ao fogo da face externa para resistência ao fogo de elementos de vedação (requisito 8.4.2 da Parte 4 de SVVIE), o corpo de prova a ser ensaiado é um elemento de vedação composto de diversos componentes de diferentes fornecedores. Nesse caso, a incumbência de realização seria do produtor desse elemento, ou seja, o construtor. A mesma analogia é possível para os ensaios de desempenho acústico, pois esse desempenho depende de muitas variáveis e é influenciado por diversos componentes, pois mesmo que o fornecedor forneça o ensaio das mantas de isolamento acústico com a finalidade de declarar a capacidade de isolamento, ainda poderá haver uma diferença significativa no resultado em campo devido às características de cada empreendimento.

Concluiu-se que, apesar da incumbência de realização de ensaios estarem explicitadas na normatização de desempenho, para a indústria da construção esse paradigma é de caráter interpretativo, pois o exemplo apresentado das vedações convencionais em alvenaria pode ter uma conclusão diferenciada se o sistema for industrializado com painéis e perfis leves metálicos (recai a incumbência aos fornecedores), portanto a incumbência dos ensaios demanda uma solução diferenciada do que a sugerida ou um esclarecimento maior por parte da coletânea de normas.

Um dos resultados que a prática da engenharia de desempenho oferece em longo prazo é o alcance de uma elevada qualidade no processo de projeto, principalmente em virtude da precisão no processo de dimensionamento pelo fácil acesso a informações e dados de desempenho dos mais diversos componentes construtivos. É nesse ponto que reside a importância da avaliação de desempenho, em especial os ensaios. Ainda assim, isso não tem ocorrido devido aos altos investimentos demandados, especialmente para construtores. Então, algumas soluções são sugeridas.

Uma das ações seria maior pressão dos construtores sobre os fornecedores para que realmente declarassem o desempenho dos produtos ao utilizarem isso como pré-requisito para selecionar seus fornecedores e, dentro do possível, descartar produtos fora desse padrão, mobilizando essa demanda aos fornecedores que desejam se manter no mercado.

Complementando a primeira ação, para acelerar o processo do desenvolvimento de um mercado de fornecedores mais atualizado aos parâmetros da normatização de desempenho, sugere-se aos Sindicatos Patronais, como os Sinduscons, estabelecer parcerias com fornecedores, buscando dividir os custos na realização de ensaios para beneficiar toda a cadeia com o fornecimento de produtos com desempenho declarados e, como contrapartida, preços diferenciados para as empresas filiadas ao sindicato.

Para os ensaios que são interpretados como incumbência dos próprios construtores, sugere-se a elaboração de um banco de dados de desempenho de componentes, elementos e sistemas de acordo com os padrões de edificação regionais, daí ratear o custo dos ensaios entre as empresas com sistemas construtivos iguais, as quais compartilharão o laudo de declaração de desempenho.

Por fim, é importante destacar a escassez de Instituições Técnicas Avaliadoras (ITAs) no país quando relacionado com a demanda sobre ensaios que a normatização de desempenho apresenta. Atualmente, segundo dados do Ministério das Cidades[92], existem apenas onze ITAs distribuídas em apenas cinco estados. Na região Sul, existem somente três, sendo uma muito recente ainda, em fase de estruturação. Cabe ressaltar que nenhuma dessas três instituições possui estrutura para realizar todos os ensaios requeridos na norma de desempenho. Dessa forma, pode-se concluir que há a necessidade do desenvolvimento de instituições técnicas no país para suprir uma futura necessidade de caracterização de sistemas construtivos e análises técnicas especializadas.

---

[92] BRASIL. MINISTÉRIO DAS CIDADES. **Instituições Técnicas Avaliadoras (ITA's):** Credenciadas para atuar no SiNAT do PBQP-H. Disponível em: http://pbqp-h.cidades.gov.br/projetos_sinat.php. Acesso em: 13 jun. 2024.

4

ESTUDOS DE CASO DA APLICAÇÃO DA LISTA DE VERIFICAÇÃO DA NORMA DE DESEMPENHO

Marcelo Fabiano Costella
Claudivana Sistherenn Pagliari

4.1 INTRODUÇÃO

Este capítulo apresenta o resultado da aplicação da lista de verificação da norma de desempenho por meio da avaliação das dificuldades e desafios enfrentados por empresas construtoras de pequeno e médio porte de uma cidade de Santa Catarina na implantação da Norma de Desempenho[93].

Foi selecionada uma amostra por conveniência de dez empresas do ramo da construção civil (construtoras e/ou incorporadoras), as quais se mostraram interessadas com o trabalho e desejavam adequar-se aos requisitos impostos pela norma. O Quadro 12 apresenta as principais características das obras selecionadas.

Posteriormente à seleção, iniciaram-se as visitas às empresas, visando aplicar a lista de verificação, em um empreendimento de cada empresa para, posteriormente, no período de oito meses, auxiliar a empresa nas prioridades e ações a serem tomadas no empreendimento selecionado que se refere à norma de desempenho.

---

[93] Parte deste capítulo pode ser encontrado em: PAGLIARI, C. S.; AMARO, L. C.; LANTELME, E. M. V.; PILZ, S. E.; COSTELLA, M. F. Dificuldades na implantação da norma de desempenho em construtoras de médio e pequeno porte no oeste de Santa Catarina. **Revista de Arquitetura IMED**, v. 8, n. 2, p. 97-118, 2019.

QUADRO 12 – CARACTERÍSTICAS DAS OBRAS SELECIONADAS

Obras	Tipologia	Número de Pavimentos	Fase da Obra	Padrão da Obra	Nível de Desempenho
A	Concreto armado convencional	4	Supraestrutura	Baixo	Mínimo
B	Concreto armado convencional	4	Supraestrutura	Baixo	Mínimo
C	Concreto armado convencional	18	Fundações	Alto	Mínimo
D	Concreto armado protendido	18	Acabamento	Alto	Mínimo
E	Concreto armado protendido	22	Supraestrutura	Médio	Mínimo
F	Concreto armado convencional	4	Acabamento	Baixo	Mínimo
G	Concreto armado convencional	8	Entregue ao Usuário	Médio	Mínimo
H	Concreto armado convencional	16	Acabamento	Médio	Mínimo
I	Concreto armado protendido	33	Supraestrutura	Alto	Mínimo
J	Concreto armado protendido	31	Supraestrutura	Alto	Mínimo

FONTE: O AUTOR

O delineamento da pesquisa consistia em oito visitas em cada uma das empresas, sendo a primeira e última para realização da lista de verificação e as demais para discutir detalhadamente cada uma das seis partes da norma.

A partir dos dados obtidos com as duas aplicações da Lista de Verificação da Norma de Desempenho, realizou-se uma listagem das conformidades e não conformidades obtidas nos dois momentos, dividindo-se por requisitos da norma de desempenho.

Posteriormente, foram avaliadas as evoluções das obras/empresas por meio de uma análise dos percentuais de conformidades e não conformidades obtidas nas aplicações da lista de verificação da norma de desempenho, analisando o progresso de cada obra.

Por fim, verificou-se as principais dificuldades das empresas em adequar-se ao que está proposto na norma, referente à segunda aplicação. Assim, comentando-se os requisitos de maior e menor conformidade em relação à norma de desempenho.

4.2 AVALIAÇÃO DA EVOLUÇÃO DAS OBRAS

A Tabela 3 apresenta o percentual de conformidades e a evolução das empresas no atendimento aos requisitos da Norma de desempenho antes e após a aplicação da Lista de Verificação.

Tendo em vista as duas aplicações da lista de verificação tornou-se possível avaliar o desempenho de cada uma das obras em estudo. Tendo como base o número total de 165 critérios divididos em 12 requisitos, observa-se que cada uma das obras teve uma evolução distinta, variando de acordo com o interesse e dedicação de cada uma das empresas.

A primeira aplicação serviu para caracterizar o nível de conhecimento das empresas a respeito da norma de desempenho, deste modo pode-se observar que algumas empresas já estavam atendendo alguns requisitos, como as obras A e I (aplicação entre 25% e 35%), porém outras não conheciam os requisitos da norma e não tinham nenhuma base para iniciar a implantação da norma de desempenho, como as obras C, E e F (aplicação entre 16% e 19%).

A partir da segunda aplicação foi possível comparar uma empresa com a outra e detectar a evolução de cada uma delas. Percebeu-se que a maior parte das obras apresentou evolução, porém abaixo do nível proposto pela norma de desempenho.

TABELA 3 – QUANTITATIVO GERAL DAS OBRAS

Obra	Aplicação	NC	NA	C	P	% Conformidades	% Evolução
A	1º	98	23	44	0	26,67	65,91
A	2º	62	23	73	7	44,24	65,91
B	1º	110	23	32	0	19,39	28,13
B	2º	95	23	41	6	24,85	28,13
C	1º	115	19	31	0	18,79	0,00
C	2º	115	19	31	0	18,79	0,00
D	1º	105	24	36	0	21,82	16,67
D	2º	92	24	42	7	25,45	16,67
E	1º	113	22	30	0	18,18	46,67
E	2º	92	22	44	7	26,67	46,67
F	1º	116	22	27	0	16,36	148,15
F	2º	69	22	67	7	40,61	148,15
H	1º	98	34	33	0	20,00	45,45
H	2º	77	34	48	6	29,09	45,45
I	1º	90	22	53	0	32,12	18,87
I	2º	75	22	63	5	38,18	18,87
J	1º	108	23	34	0	20,61	67,65
J	2º	78	23	57	7	34,55	67,65

FONTE: ELABORADO PELOS AUTORES

Por meio do percentual indicado na Tabela 3 e Figura 3 percebe-se que a obra A apresentou o maior número de conformidades (44,24%) na segunda aplicação, e teve a segunda maior evolução (65,91%) entre as empresas visitadas. A obra F teve a maior evolução 148,15%, pois na primeira aplicação apresentou a menor porcentagem de conformidades (16,36%), porém após o período de estudo e acompanhamento da empresa obteve-se na segunda aplicação 40,61% de conformidade.

As empresas A, J e F foram as que obtiveram maior evolução no decorrer da pesquisa, cabendo ressaltar que justamente essas três empresas eram as que possuíam certificado de qualidade nível A do SIAC no âmbito do PBQP-H.

FIGURA 3 – CONFORMIDADES DAS OBRAS NAS DUAS APLICAÇÕES DA LISTA DE VERIFICAÇÃO

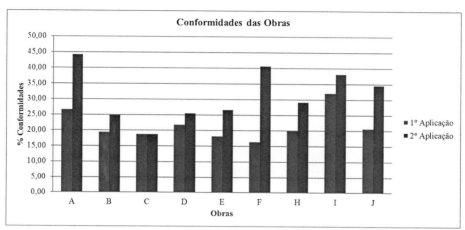

FONTE: ELABORADO PELOS AUTORES

A obra I é um exemplo contrário das demais, apresentando uma evolução de apenas 18,68%, pois na primeira aplicação obteve a melhor porcentagem de conformidades (32,12%), porém, por considerar que já tinham conhecimento suficiente da norma, não mostrou interesse pelo acompanhamento realizado e pouco evoluiu, pois na segunda aplicação obteve 38,18% de conformidades.

No caso da empresa C que não apresentou evolução entre a primeira e segunda aplicação (0,00%), no início houve interesse pela participação, porém durante as visitas, para cada uma, era selecionado um representante diferente da empresa, motivo pela qual não houve sistematização dos processos relacionados à norma de desempenho.

As empresas que estavam em uma etapa mais avançada da obra (acabamento) tiveram maiores dificuldades em evoluir as conformidades, pois não conseguiram retorno dos responsáveis, como: memoriais e detalhamentos de projetos, os projetistas responsáveis já haviam finalizado o projeto há um longo tempo, laudos dos fornecedores de produtos que já foram adquiridos no início da obra, além de ser impossível realizar algumas modificações em projeto e em obra, após estar construído.

As demais obras (B, D, E, H, J) tiveram avanços com porcentuais variando entre 16% e 67%. Na Figura 4 apresentam-se os resultados gerais obtidos com a primeira e segunda aplicação da lista de verificação da norma de desempenho. O valor geral de não conformidades diminuiu de 64% para 51%, da primeira para a segunda aplicação, o que representa uma evolução das empresas. Porém é preocupante este resultado em uma visão geral da construção civil, quando se considera que esta norma é vinculada ao Código de Defesa do Consumidor e tendo em vista o objetivo de 100% de cumprimento.

FIGURA 4 – RESULTADO GERAL DA PRIMEIRA E SEGUNDA APLICAÇÃO DA LISTA DE VERIFICAÇÃO DA NORMA DE DESEMPENHO

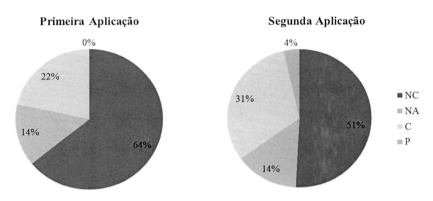

FONTE: ELABORADO PELOS AUTORES

4.3 ANÁLISE DAS PRINCIPAIS DIFICULDADES DAS EMPRESAS

A Tabela 4 apresenta os percentuais de conformidades e não conformidades por requisito de desempenho, o que permite identificar as principais dificuldades das empresas e problemas nos requisitos apresentados pela norma.

TABELA 4 – PERCENTUAL DE CONFORMIDADES POR REQUISITO DE DESEMPENHO

	Requisito de Desempenho	% Não Conformidade	% Conformidade
7	Desempenho Estrutural	70,49	15,28
8	Segurança Contra Incêndio	26,44	**50,57**
9	Segurança no Uso e na Ocupação	32,41	23,61
10	Estanqueidade	77,78	13,45
11	Desempenho Térmico	52,78	47,22
12	Desempenho Acústico	83,33	0,00
13	Desempenho Lumínico	48,15	18,52
14	Saúde, Higiene e Qualidade do Ar	67,72	29,10
15	Funcionalidade e Acessibilidade	10,10	75,76
16	Conforto Tátil e Antropodinâmico	25,93	61,73
17	Durabilidade e Manutenibilidade	72,22	13,89
18	Adequação Ambiental	66,67	33,33

FONTE: ELABORADO PELOS AUTORES

Na Figura 5 é possível observar de maneira mais objetiva as porcentagens de conformidade por requisito de desempenho da segunda aplicação da lista de verificação da norma de desempenho.

Por meio da análise dos percentuais de conformidade dos requisitos de desempenho percebe-se que os itens de Funcionalidade e Acessibilidade, Conforto Tátil e Antropodinâmico, Segurança Contra Incêndio e Desempenho Térmico apresentam o maior número de conformidades. Um fator que poderia explicar é que alguns desses critérios já são exigidos por órgãos competentes, como o Corpo de Bombeiros e o setor de análise de projetos da Prefeitura.

FIGURA 5 – PORCENTAGENS DE CONFORMIDADES POR REQUISITO DE DESEMPENHO

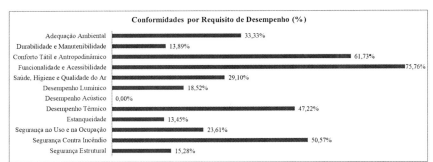

FONTE: ELABORADO PELOS AUTORES

Os percentuais de não conformidade dos requisitos de desempenho permitem detectar os itens de maior dificuldade para serem satisfeitos, sendo eles: Desempenho Acústico, Estanqueidade, Durabilidade e Manutenibilidade e Segurança Estrutural. Na Figura 6 pode-se observar a evolução das empresas no atendimento ao requisito de desempenho estrutural.

FIGURA 6 – EVOLUÇÃO DAS EMPRESAS QUANTO AO REQUISITO DE DESEMPENHO ESTRUTURAL

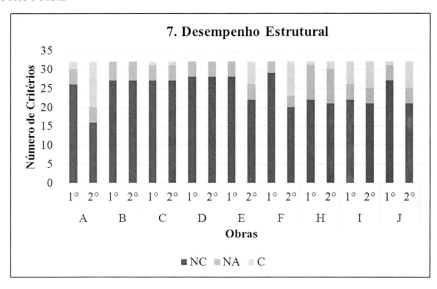

FONTE: ELABORADO PELOS AUTORES

No requisito de desempenho estrutural observou-se, na primeira aplicação, que os projetistas de estrutura não forneciam memorial de cálculo/descritivo, o que dificulta a comprovação de critérios desta parte da norma, que se refere à justificativa dos fundamentos técnicos utilizados na citação das normativas básicas.

A partir da segunda aplicação alguns projetistas dispuseram memoriais descritivos que atendiam a norma na maior parte dos itens, porém alguns projetistas negaram-se a fornecer, alegando que não estava no contrato de serviço solicitado pela empresa.

Também são inclusos nos requisitos de desempenho estrutural itens relacionados ao projeto estrutural de cobertura, que não se encontram na parte dois da norma referente aos sistemas estruturais, o que diminui o número de conformidades, tendo em vista que nenhuma das obras em estudo apresentou projeto de dimensionamento estrutural da cobertura. Também houve um descontentamento dos projetistas estruturais, os quais comentarem estar focados somente na parte dois da norma referente aos sistemas estruturais.

Deste modo, observa-se que o número de não conformidades por obra continua alto, apesar de ter evoluído em algumas empresas, como A, E, F e J.

O requisito de estanqueidade (Figura 7) teve 77,78% de não conformidade e como se pode observar apresentou pequenas evoluções nas obras acompanhadas, principalmente no que se refere a ensaios de estanqueidade.

FIGURA 7 – EVOLUÇÃO DAS EMPRESAS QUANTO AO REQUISITO DE ESTANQUEIDADE

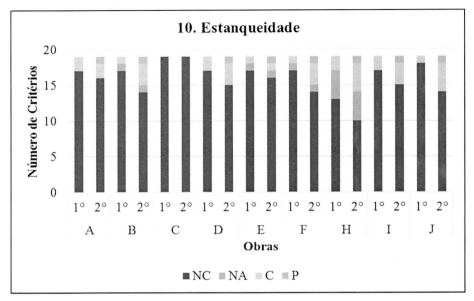

FONTE: ELABORADO PELOS AUTORES

Os detalhamentos e especificações de projeto de impermeabilização foram iniciados por algumas empresas, sendo que na maioria dos casos optaram por permanecer com as técnicas de impermeabilização já utilizadas e não contratar um profissional especializado. Porém, observou-se um receio dos profissionais em estarem responsabilizando-se tecnicamente pelo projeto de impermeabilização, o qual é um projeto que está sujeito a diversos riscos e interferências executivas que podem causar problemas futuros.

Ainda no requisito de estanqueidade, percebe-se que os critérios com maior número de não conformidades estão relacionados aos laudos de ensaio, tanto de responsabilidade do construtor, como o ensaio de estanqueidade em terraços, como os ensaios que devem ser realizados pelo fornecedor, em relação à estanqueidade à água das peças de utilização hidrossanitárias.

Em relação ao requisito de desempenho acústico, não houve nenhuma conformidade, isto motivado pelo fato de que todos os critérios possuem como método de comprovação um laudo de ensaio. Algumas das empresas em estudo já haviam realizado orçamentos de ensaios de acústica com laboratórios especializados, porém não contrataram em função do custo dos ensaios e pelo receio com relação à eficiência acústica dos sistemas utilizados (piso, vedação e cobertura). Deste modo, até o momento da segunda aplicação da lista de verificação, nenhuma das empresas havia realizado.

Na Figura 8 pode-se observar a evolução das empresas no atendimento ao requisito de durabilidade e manutenibilidade.

FIGURA 8 – EVOLUÇÃO DAS EMPRESAS QUANTO AO REQUISITO DE DURABILIDADE E MANUTENIBILIDADE

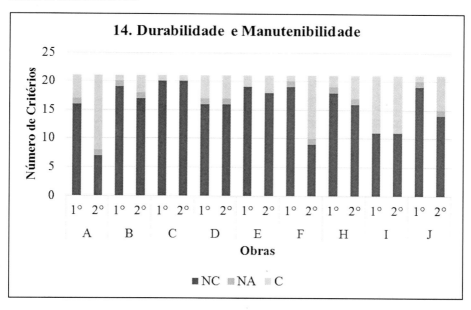

FONTE: ELABORADO PELOS AUTORES

O requisito de durabilidade e manutenibilidade apresentou 72,22% dos critérios como não conformes, motivado pela inclusão de novas definições e conceitos nesta etapa, como: durabilidade, manutenção de projeto e vida útil de projeto.

Observou-se que as obras A e F progrediram no que diz respeito à especificação da vida útil de projeto, porém nenhuma das obras avançou nas especificações de durabilidade e manutenção dos elementos, componentes, equipamentos e sistemas da edificação.

4.4 DISCUSSÃO

Ao acompanhar as empresas e suas respectivas obras, percebeu-se que, apesar da evolução de algumas empresas, ainda existe grande dificuldade na implantação da norma de desempenho. Essa dificuldade de evolução possui várias causas, primeiramente, pode-se destacar a falta de informações disponíveis decorrentes da dificuldade de envolvimento e conhecimento de projetistas e fornecedores no cumprimento da norma de desempenho.

Com relação aos projetistas, conforme já apontado em outros estudos[94] observou-se que, em sua maioria, desconhecem a norma de desempenho ou não estão preparados tecnicamente para a aplicação da norma. Isso resulta na falta de detalhamento em projetos, na inexistência de memoriais descritivos dos sistemas, especificações de componentes de forma inadequada, falta de especificação de manutenções e formas de uso etc.

Já em relação ao papel dos fornecedores, este tem sido um dos principais desafios enfrentados pelos construtores em função da falta de informações técnicas e especificações de uso, operação e manutenção dos produtos componentes de sistemas. Uma das dificuldades está relacionada à interpretação da norma, na qual os fornecedores não são obrigados a fornecer essas informações, mas o projetista é responsável por apresentar essas características referentes aos materiais e componentes utilizados.

Uma possibilidade de alteração da norma seria equiparar as responsabilidades dos fornecedores ao mesmo nível de exigência aplicado para os construtores, projetistas e usuários, os quais, nas suas incumbências, sempre são utilizadas as expressões "deve" ou "cabe", no sentido de obrigação. Assim, uma proposta seria, em vez de utilizar a expressão "Convém

---

[94] OKAMOTO, Patricia Seiko. **Os impactos da norma brasileira de desempenho sobre o processo de projeto de edificações residenciais**. 160 f. Dissertação (Mestrado Engenharia de Construção Civil) – Escola Politécnica, Universidade de São Paulo, São Paulo, 2015; COTTA, Ana Claudia; ANDERY, Paulo Roberto Pereira. As alterações no processo de projeto das empresas construtoras e incorporadoras devido à NBR 15575 – Norma de Desempenho. **Ambiente Construído**, Porto Alegre, v. 18, n. 1, p. 133-152, jan./mar. 2018; PAGLIARI, Claudivana Sistherenn; COSTELLA, Marcelo Fabiano; PILZ, Silvio Edmundo. Especificação da vida útil dos sistemas construtivos a partir da NBR 15575, segundo a abordagem de projetos. **PARC Pesquisa em Arquitetura e Construção**, Campinas, v. 9, n. 1, p. 47-46, mar. 2018.

que fabricantes de produtos...forneçam resultados comprobatórios do desempenho de seus produtos..."[95], alterar para "O fabricantes de produtos deve.... fornecer resultados comprobatórios do desempenho de seus produtos...". Isso deveria permitir que o construtor efetivasse a compra de produtos com os respectivos laudos e especificações que garantam o seu desempenho.

No que diz respeito aos construtores, observa-se uma discrepância na motivação para o atendimento à norma de desempenho. Um grupo de construtores tende a estar mais motivado a realizar a implantação da norma de desempenho em função da certificação no Nível A do SIAC no âmbito do PBQP-H. Considerando que para a obtenção dessas certificações é necessário o atendimento à NBR 15575, as construtoras que tem seus projetos financiados pelos principais programas da Caixa Econômica Federal obrigatoriamente precisam estar adequadas à norma. Esse fator também é corroborado por Andery e Barbosa[96].

As demais construtoras que não recebem nenhuma cobrança formal para aplicação da norma de desempenho acabam desmotivadas por um desses dois motivos: não conseguem enxergar os riscos que o não cumprimento da norma de desempenho pode acarretar no futuro do seu negócio ou, de modo mais grave, sabem do risco, mas optam por "assumir" o risco do não cumprimento.

Outra situação observada nessa pesquisa é a declaração das empresas de que alguns requisitos são mais importantes que os outros em função de esses que possuem uma maior probabilidade de reclamação dos clientes e usuários das edificações habitacionais, tais como estanqueidade, desempenho acústico, térmico e lumínico. Entretanto, essa opinião não foi verificada na prática da pesquisa, tendo em vista que o desempenho acústico foi o de menor cumprimento, juntamente com o requisito de estanqueidade.

---

[95] ABNT, 2013a, p. 12.

[96] ANDERY, Paulo Roberto Pereira; BARBOSA, Patricia Elizabeth Ferreira Gomes. Estudo sobre o impacto do SIAC - Sistema de Avaliação da Conformidade - na implementação da NBR 15.565:2013 em empresas construtoras. *In*: ENCONTRO NACIONAL DE TECNOLOGIA DO AMBIENTE CONSTRUÍDO, 17., 2018, Foz do Iguacu. **Anais**[...]. Porto Alegre: Associação Nacional de Tecnologia do Ambiente Construído, 2018. v. 1, p. 2542-2547.

4.5 CONSIDERAÇÕES FINAIS

Pode-se destacar que os resultados demonstraram, em geral, um baixo nível de atendimento à norma, o que pode ser considerado crítico, tendo em vista a importância do *cluster* da construção para a região Oeste de Santa Catarina.

Conforme ressaltado, as principais dificuldades das empresas em adequar-se com o que está proposto na norma são relacionadas aos requisitos que apresentam novos conceitos, como os que estão relacionados à vida útil de projeto e a todos os critérios de desempenho acústico. Outros itens já eram exigidos em normas vigentes, porém não havia uma cobrança, como o caso do projeto de impermeabilização e o projeto de cobertura. Por outro lado, o requisito mais cumprido, de funcionalidade e acessibilidade advém de uma severa cobrança do poder público em relação à aplicação da NBR 9050, relacionada à acessibilidade. Isso leva também à constante discussão de que o principal motivo de não cumprimento à norma de desempenho é o fato de não haver uma cobrança formal atrelada à norma. Do mesmo modo, isso ressalta a falta de cultura das em relação ao cumprimento das normas técnicas e ao compromisso de satisfação do cliente.

Tendo em vista que a norma de desempenho tem como objetivo melhorar a qualidade e desempenho das edificações brasileiras e que o não cumprimento se reflete no usuário das edificações, esse trabalho levanta a necessidade de um estudo ampliado, tanto nos grandes centros, quanto nas cidades médias e grandes no interior do país, para superar as dificuldades levantadas nessa pesquisa.

REFERÊNCIAS

ANDERY, Paulo Roberto Pereira; BARBOSA, Patricia Elizabeth Ferreira Gomes. Estudo sobre o impacto do SIAC - Sistema de Avaliação da Conformidade - na implementação da NBR 15.565:2013 em empresas construtoras. *In*: ENCONTRO NACIONAL DE TECNOLOGIA DO AMBIENTE CONSTRUÍDO, 17., 2018, Foz do Iguacu. **Anais**[...]. Porto Alegre: Associação Nacional de Tecnologia do Ambiente Construído, 2018. v. 1, p. 2542-2547.

ASSOCIAÇÃO BRASILEIRA DE NORMAS TÉCNICAS. **NBR 5410: Instalações elétricas de baixa tensão**. Rio de Janeiro, 2008.

ASSOCIAÇÃO BRASILEIRA DE NORMAS TÉCNICAS. **NBR 5419: Proteção contra descargas atmosféricas**. Rio de Janeiro, 2018.

ASSOCIAÇÃO BRASILEIRA DE NORMAS TÉCNICAS. **NBR 5626: Sistemas prediais de água fria e água quente** - Projeto, execução, operação e manutenção. Rio de Janeiro, 2020.

ASSOCIAÇÃO BRASILEIRA DE NORMAS TÉCNICAS. **NBR 5628: Componentes construtivos estruturais** – Determinação da resistência ao fogo. Rio de Janeiro, 2022.

ASSOCIAÇÃO BRASILEIRA DE NORMAS TÉCNICAS. **NBR 5674: Manutenção de edificações** – Requisitos para o sistema de gestão de manutenção. Rio de Janeiro, 2024.

ASSOCIAÇÃO BRASILEIRA DE NORMAS TÉCNICAS. **NBR 6118: Projeto de estruturas de concreto** – Procedimento. Rio de Janeiro, 2024.

ASSOCIAÇÃO BRASILEIRA DE NORMAS TÉCNICAS. **NBR 6122: Projeto e execução de fundações**. Rio de Janeiro, 2022.

ASSOCIAÇÃO BRASILEIRA DE NORMAS TÉCNICAS. **NBR 6123: Forças devidas ao vento em edificações**. Rio de Janeiro, 2023.

ASSOCIAÇÃO BRASILEIRA DE NORMAS TÉCNICAS. **NBR 6479: Portas e vedadores** – Determinação da resistência ao fogo. Rio de Janeiro, 2022.

ASSOCIAÇÃO BRASILEIRA DE NORMAS TÉCNICAS. **NBR 7581-2: Telha ondulada de fibrocimento** – Ensaios. Rio de Janeiro, 2012.

ASSOCIAÇÃO BRASILEIRA DE NORMAS TÉCNICAS. **NBR 8160: Sistemas prediais de esgoto sanitário** – Projeto e execução. Rio de Janeiro, 1999.

ASSOCIAÇÃO BRASILEIRA DE NORMAS TÉCNICAS. **NBR 8660: Ensaio de reação ao fogo em pisos** – Determinação do comportamento com relação à queima utilizando uma fonte radiante de calor. Rio de Janeiro, 2013.

ASSOCIAÇÃO BRASILEIRA DE NORMAS TÉCNICAS. **NBR 8681: Ações e segurança nas estruturas** – Procedimento. Rio de Janeiro, 2003.

ASSOCIAÇÃO BRASILEIRA DE NORMAS TÉCNICAS. **NBR 9050: Acessibilidade a edificações, mobiliário, espaços e equipamentos urbanos**. Rio de Janeiro, 2021.

ASSOCIAÇÃO BRASILEIRA DE NORMAS TÉCNICAS. **NBR 9062: Projeto e execução de estruturas de concreto pré-moldado**. Rio de Janeiro, 2017.

ASSOCIAÇÃO BRASILEIRA DE NORMAS TÉCNICAS. **NBR 9077: Saídas de emergência em edifícios**. Rio de Janeiro, 2001.

ASSOCIAÇÃO BRASILEIRA DE NORMAS TÉCNICAS. **NBR 9442: Materiais de construção** – Determinação do índice de propagação superficial de chama pelo método do painel radiante – Método de ensaio. Rio de Janeiro, 2019.

ASSOCIAÇÃO BRASILEIRA DE NORMAS TÉCNICAS. **NBR 10636-1: Componentes construtivos não estruturais** - Ensaio de resistência ao fogo. Parte 1: Paredes e divisórias de compartimentação. Rio de Janeiro, 2022.

ASSOCIAÇÃO BRASILEIRA DE NORMAS TÉCNICAS. **NBR 10821-2: Esquadrias externas** – Requisitos e classificação. Rio de Janeiro, 2017.

ASSOCIAÇÃO BRASILEIRA DE NORMAS TÉCNICAS. **NBR 10844: Instalações prediais de águas pluviais** – Procedimento. Rio de Janeiro, 1989.

ASSOCIAÇÃO BRASILEIRA DE NORMAS TÉCNICAS. **NBR 10897: Sistemas de proteção contra incêndio por chuveiros automáticos** – Requisitos. Rio de Janeiro, 2020.

ASSOCIAÇÃO BRASILEIRA DE NORMAS TÉCNICAS. **NBR 11675: Divisórias leves internas moduladas** – Verificação da resistência aos impactos. Rio de Janeiro, 2016.

ASSOCIAÇÃO BRASILEIRA DE NORMAS TÉCNICAS. **NBR 12090: Chuveiros elétricos – Determinação da corrente de fuga** – Método de ensaio. Rio de Janeiro, 2016.

ASSOCIAÇÃO BRASILEIRA DE NORMAS TÉCNICAS. **NBR 12693: Sistemas de proteção por extintor de incêndio.** Rio de Janeiro, 2021.

ASSOCIAÇÃO BRASILEIRA DE NORMAS TÉCNICAS. **NBR 13103: Instalação de aparelhos a gás para uso residencial** – Requisitos. Rio de Janeiro, 2013.

ASSOCIAÇÃO BRASILEIRA DE NORMAS TÉCNICAS. **NBR 13523: Central de gás liquefeito de petróleo – GLP.** Rio de Janeiro, 2019.

ASSOCIAÇÃO BRASILEIRA DE NORMAS TÉCNICAS. **NBR 13714: Sistemas de hidrantes e de mangotinhos para combate a incêndio.** Rio de Janeiro, 2000.

ASSOCIAÇÃO BRASILEIRA DE NORMAS TÉCNICAS. **NBR 14011: Aquecedores instantâneos de água e torneiras elétricas** – Requisitos gerais. Rio de Janeiro, 2015.

ASSOCIAÇÃO BRASILEIRA DE NORMAS TÉCNICAS. **NBR 14016: Aquecedores instantâneos de água e torneiras elétricas – Determinação da corrente de fuga** – Método de ensaio. Rio de Janeiro, 2015.

ASSOCIAÇÃO BRASILEIRA DE NORMAS TÉCNICAS. **NBR 14037: Diretrizes para elaboração de manuais de uso, operação e manutenção das edificações** – Requisitos para elaboração e apresentação dos conteúdos. Rio de Janeiro, 2024. p. 28.

ASSOCIAÇÃO BRASILEIRA DE NORMAS TÉCNICAS. **NBR 14323: Projeto de estruturas de aço e de estruturas mistas de aço e concreto de edifícios em situação de incêndio.** Rio de Janeiro, 2013.

ASSOCIAÇÃO BRASILEIRA DE NORMAS TÉCNICAS. **NBR 14432: Exigências de resistência ao fogo de elementos construtivos de edificações** – Procedimento. Rio de Janeiro, 2001.

ASSOCIAÇÃO BRASILEIRA DE NORMAS TÉCNICAS. **NBR 14718: Guarda-corpos para edificação.** Rio de Janeiro, 2019.

ASSOCIAÇÃO BRASILEIRA DE NORMAS TÉCNICAS. **NBR 15097-1: Aparelhos sanitários de material cerâmico** – Requisitos e métodos de ensaios. Rio de Janeiro, 2011.

ASSOCIAÇÃO BRASILEIRA DE NORMAS TÉCNICAS. **NBR 15200: Projeto de estruturas de concreto em situação de incêndio.** Rio de Janeiro, 2012.

ASSOCIAÇÃO BRASILEIRA DE NORMAS TÉCNICAS. **NBR 15215-3: Procedimento de cálculo para a determinação da iluminação natural em ambientes internos.** Rio de Janeiro, 2005.

ASSOCIAÇÃO BRASILEIRA DE NORMAS TÉCNICAS. **NBR 15491: Caixa de descarga para limpeza de bacias sanitárias** – Requisitos e métodos de ensaio. Rio de Janeiro, 2010.

ASSOCIAÇÃO BRASILEIRA DE NORMAS TÉCNICAS. **NBR 15526: Redes de distribuição interna para gases combustíveis em instalações residenciais** – Projeto e execução. Rio de Janeiro, 2016.

ASSOCIAÇÃO BRASILEIRA DE NORMAS TÉCNICAS. **NBR 15575-1: Edificações habitacionais – Desempenho.** Parte 1: Requisitos Gerais. Rio de Janeiro, 2024.

ASSOCIAÇÃO BRASILEIRA DE NORMAS TÉCNICAS. **NBR 15575-2: Edificações habitacionais – Desempenho.** Parte 2: Requisitos para os sistemas estruturais. Rio de Janeiro, 2013.

ASSOCIAÇÃO BRASILEIRA DE NORMAS TÉCNICAS. **NBR 15575-3: Edificações habitacionais – Desempenho.** Parte 3: Requisitos para os sistemas de pisos. Rio de Janeiro, 2024.

ASSOCIAÇÃO BRASILEIRA DE NORMAS TÉCNICAS. **NBR 15575-4: Edificações habitacionais – Desempenho.** Parte 4: Requisitos para os sistemas de vedações verticais internas e externas. Rio de Janeiro, 2024.

ASSOCIAÇÃO BRASILEIRA DE NORMAS TÉCNICAS. **NBR 15575-5: Edificações habitacionais – Desempenho.** Parte 5: Requisitos para os sistemas de cobertura. Rio de Janeiro, 2021.

ASSOCIAÇÃO BRASILEIRA DE NORMAS TÉCNICAS. **NBR 15575-6: Edificações habitacionais – Desempenho.** Parte 6: Requisitos para os sistemas hidrossanitários. Rio de Janeiro, 2021.

ASSOCIAÇÃO BRASILEIRA DE NORMAS TÉCNICAS. **NBR 15857: Válvula de descarga para limpeza de bacias sanitárias** – Requisitos e métodos de ensaio. Rio de Janeiro, 2011.

ASSOCIAÇÃO BRASILEIRA DE NORMAS TÉCNICAS. **NBR 16479: Aparelhos sanitários** - Misturadores - Requisitos e métodos de ensaio. Rio de Janeiro, 2019.

ASSOCIAÇÃO BRASILEIRA DE NORMAS TÉCNICAS. **NBR 16919: Placas cerâmicas** - Determinação do coeficiente de atrito Rio de Janeiro, 2020.

ASSOCIAÇÃO BRASILEIRA DE NORMAS TÉCNICAS. **NBR 17170: Edificações** - Garantias - Prazos recomendados e diretrizes. Rio de Janeiro, 2022.

ASSOCIAÇÃO BRASILEIRA DE NORMAS TÉCNICAS. **NBR 17076: Projeto de sistema de tratamento de esgoto de menor porte** — Requisitos. Rio de Janeiro, 2024.

ASSOCIAÇÃO BRASILEIRA DE NORMAS TÉCNICAS. **NBR ISO 105-A02 Têxteis – Ensaios de solidez da cor** Escala cinza para avaliação da alteração da cor. Rio de Janeiro, 2006.

BECKER, R. M. **PBB International State of the Art.** Chapter 5. Performance Based Building, PeBBu Thematic Network. Rotterdam, out. 2005. Disponível em: http://www.irbnet.de/daten/iconda/CIB21987.pdf. Acesso em: 15 jan. 2018.

BORGES, C. A. M.; SABBATINI, F. H. **O conceito de desempenho de edificações e a sua importância para o setor da construção civil no Brasil.** Boletim Técnico da Escola Politécnica da USP, Departamento de Engenharia de Construção Civil, BT/PCC/515. São Paulo: UPUSP, 2008.

BRASIL. **Código civil.** Brasília: Câmara dos Deputados, 2002.

BRASIL. MINISTÉRIO DAS CIDADES. **Instituições Técnicas Avaliadoras (ITA's)**: Credenciadas para atuar no SiNAT do PBQP-H. Disponível em: http://pbqp-h. cidades.gov.br/projetos_sinat.php. Acesso em: 02 jan. 2018.

COSTELLA, M. F.; SOUZA, N. S.; PILZ, S. E.; LANTELME, E. M. V. Análise dos métodos de avaliação na coletânea de normas de desempenho com enfoque nos ensaios. **Revista de Engenharia e Tecnologia,** v. 9, n. 1, p. 167-176, 2017.

COTTA, Ana Claudia; ANDERY, Paulo Roberto Pereira. As alterações no processo de projeto das empresas construtoras e incorporadoras devido à NBR 15575 – Norma de Desempenho. **Ambiente Construído,** Porto Alegre, v. 18, n. 1, p. 133-152, jan./mar. 2018.

DEL MAR, C. P. **Direito na construção civil.** São Paulo: Pini, 2015.

INOVACON. Cooperativa da Construção Civil do Estado do Ceará. Sindicato da Indústria da Construção Civil do Ceará. **Análise dos Critérios de Atendimento à Norma de Desempenho ABNT NBR 15.575 – Estudo de caso em empresas do programa Inovacon – CE.** Ceará, maio de 2016. 76 p.

INTERNATIONAL ORGANIZATION FOR STANDARDIZATION. **ISO 1182: Reaction to fire tests for products** Non-combustibility test. Genebra, 2010.

JOHN, V. M.; SATO, N. M. Durabilidade de componentes da construção. **Coletânea Habitare**. Porto Alegre, v. 7, p. 20-57, 2006.

LORENZI, L. S. **Análise Crítica e Proposições de Avanço nas Metodologias de Ensaios Experimentais de Desempenho à Luz da ABNT NBR 15575 (2013) para Edificações Habitacionais de Interesse Social Térreas.** 222f. 2013. Tese (Doutorado em Engenharia Civil) – UFRGS Universidade Federal do Rio Grande do Sul, Porto Alegre, 2013.

OKAMOTO, Patricia Seiko. **Os impactos da norma brasileira de desempenho sobre o processo de projeto de edificações residenciais.** 160 f. Dissertação (Mestrado Engenharia de Construção Civil) – Escola Politécnica, Universidade de São Paulo, São Paulo, 2015.

PAGLIARI, C. S.; AMARO, L. C.; LANTELME, E. M. V.; PILZ, S. E.; COSTELLA, M. F. Dificuldades na implantação da norma de desempenho em construtoras de médio e pequeno porte no oeste de Santa Catarina. **Revista de Arquitetura IMED**, v. 8, n. 2, p. 97-118, 2019.

PAGLIARI, Claudivana Sistherenn; COSTELLA, Marcelo Fabiano; PILZ, Silvio Edmundo. Especificação da vida útil dos sistemas construtivos a partir da NBR 15575, segundo a abordagem de projetos. **PARC Pesquisa em Arquitetura e Construção**, Campinas, v. 9, n. 1, p. 47-46, mar. 2018.

SOUZA, Nícolas Staine de. **Verificação da implantação da norma de desempenho NBR 15575 em incorporadora de habitações de interesse social – Um estudo de caso.** 127 f. 2015. TCC (Graduação em Engenharia Civil) – Unochapecó Universidade Comunitária da Região de Chapecó, Chapecó, 2015.

SZIGETI, F.; DAVIS, G. **Performance based building: conceptual framework.** Performance Based Building, PeBBu Thematic Network. Rotterdam, out. 2005. Disponível em: http://www.irbnet.de/daten/iconda/ CIB22199.pdf. Acesso em: 15 jan. 2018.

SOBRE OS AUTORES

Claudivana Sistherenn Pagliari é engenheira civil pela Universidade Comunitária da Região de Chapecó – Unochapecó. Na mesma universidade, desenvolveu projetos de pesquisa na área da norma de desempenho de edificações habitacionais, na modalidade de bolsista de iniciação científica. Contato: clau-sistherenn@unochapeco.edu.br

Karline Carubim é engenheira civil pela Universidade Comunitária da Região de Chapecó – Unochapecó. Na mesma universidade, desenvolveu projetos de pesquisa na área da norma de desempenho de edificações habitacionais. Contato: karlinecarubim@unochapeco.edu.br

Nícolas Staine de Souza é engenheiro civil, mestre em Tecnologia e Gestão Da Inovação no ambiente construído, ambos pela Universidade Comunitária da Região de Chapecó – Unochapecó, especialista em manufatura aditiva para construção e em desempenho de edificações habitacionais. O autor traz neste livro, de forma sintetizada, seu conhecimento sobre a Normatização Brasileira de Desempenho, fruto de suas publicações, palestras ministradas e quatro anos de pesquisa sobre o tema. Contato: nicolasstaine@unochapeco.edu.br

APÊNDICE

LISTA DE VERIFICAÇÃO DA NORMA DE DESEMPENHO

Neste apêndice será replicada, de maneira contínua, dividida por parte da norma, a lista de verificação da norma de desempenho, que foi apresentada ao longo do Capítulo 2.

PARTE 1: REQUISITOS GERAIS			
Verificação	**Avaliação**	**Responsável**	**Comprovação**
8. Segurança contra incêndio			
8.2. Dificultar o princípio de incêndio			
8.2.1.1: Proteção contra descargas atmosféricas Aprovação do projeto SPDA nos bombeiros. O memorial descritivo deve ser desenvolvido de acordo com a NBR 5410 e demais normas referentes a projetos elétricos. Seguir as premissas estipuladas na NBR 5419.	Análise de projeto	Projetista de instalações	Declaração em projeto/ aprovação do SPDA nos bombeiros
8.2.1.2: Proteção contra risco de ignição nas instalações elétricas O memorial descritivo elétrico deve estar de acordo com a NBR 5410 e demais normas referentes a projetos elétricos, evitar risco de ignição dos materiais em função de curtos-circuitos e sobretensões. Não manter materiais inflamáveis no interior da edificação, utilizar componentes autoextinguíveis.	Análise de projeto	Projetista de instalações	Declaração em projeto

PARTE 1: REQUISITOS GERAIS			
Verificação	**Avaliação**	**Responsável**	**Comprovação**
8.2.1.3: Proteção contra risco de vazamentos nas instalações de gás. Aprovação do projeto de instalação de gás nos bombeiros.	Análise de projeto	Projetista de instalações	Declaração em projeto/ aprovação do projeto nos bombeiros
8.3. Facilitar a fuga em situação de incêndio			
8.3.1: Rotas de fuga. Aprovação do projeto de rota de fuga nos bombeiro	Análise de projeto	Projetista de instalações	Declaração em projeto/ aprovação do projeto nos bombeiros
8.5. Dificultar a propagação de incêndio			
8.5.1.1: Isolamento de risco à distância. O projeto deve prover de isolamento de risco a distância, conforme recuos e afastamentos entre edificações, previstos nas Instruções Normativas ou normas vigentes.	Análise de projeto	Projetista de arquitetura	Declaração em projeto/ aprovação do projeto nos bombeiros

PARTE 1: REQUISITOS GERAIS			
Verificação	**Avaliação**	**Responsável**	**Comprovação**
8.5.1.2: Isolamento de risco por proteção. O projeto deve prover de isolamento de risco por proteção, de forma que a edificação seja uma unidade independente, para tanto, o projeto do sistema de saída de emergência e compartimentação deve ter aprovação dos bombeiros.	Análise de projeto	Projetista de instalações	Declaração em projeto

PARTE 1: REQUISITOS GERAIS			
Verificação	Avaliação	Responsável	Comprovação
8.5.1.3: Assegurar estanqueidade e isolamento Os sistemas e elementos de compartimentação devem atender à NBR 14432, aos requisitos de segurança ao incêndio da NBR 15575 (ABNT, 2013a, b, c, d, e, f), e, ainda, à aprovação do projeto de sistema de saída de emergência nos bombeiros.	Análise de projeto	Projetista de instalações	Declaração em projeto/ aprovação do projeto nos bombeiros
8.6. Segurança estrutural em situação de incêndio			
8.6.1: Minimizar o risco de colapso estrutural Análise do projeto estrutural, verificando a diminuição de resistência da estrutura em situação de incêndio. Deve atender a NBR 14432 e normas específicas para a tipologia de cada obra. Sendo estas: NBR 14323 – para estruturas de aço; NBR 15200 – para estruturas de concreto; Eurocode – para as demais tipologias.	Análise de projeto	Projetista de estrutura	Declaração em projeto
8.7. Sistema de extinção e sinalização de incêndio			
8.7.1: Equipamentos de extinção, sinalização e iluminação de emergência Aprovação dos projetos de alarme, extinção (extintores e hidrantes), sinalização e iluminação de emergência nos bombeiros.	Análise de projeto	Projetista de instalações	Declaração em projeto/ aprovação do projeto nos bombeiros

PARTE 1: REQUISITOS GERAIS			
Verificação	**Avaliação**	**Responsável**	**Comprovação**
9. Segurança no uso e na ocupação			
9.2. Segurança na utilização do imóvel			
9.2.1: Segurança na utilização dos sistemas Deve-se levar em conta a segurança dos usuários sobre os sistemas, elementos e componentes a serem utilizados, adotando algumas premissas de projeto que estão descritas no item 9.2.3 da NBR 15575-1, sendo essas premissas adotadas para minimizar os riscos de: a) queda de pessoas em altura: telhados, áticos, lajes de cobertura e quaisquer partes elevadas da construção; b) acessos não controlados aos riscos de quedas; c) queda de pessoas em função de rupturas das proteções; d) queda de pessoas em função de irregularidades nos pisos, rampas e escadas;	Análise de projeto	Projetista de arquitetura	Declaração em projeto

PARTE 1: REQUISITOS GERAIS			
Verificação	**Avaliação**	**Responsável**	**Comprovação**
e) ferimentos provocados por ruptura de subsistemas ou componentes, resultando em partes cortantes ou perfurantes; f) ferimentos ou contusões em função da operação das partes móveis de componentes, como janelas, portas, alçapões e outros;	Inspeção	Construtor	Relatório de inspeção

PARTE 1: REQUISITOS GERAIS			
Verificação	**Avaliação**	**Responsável**	**Comprovação**
g) ferimentos ou contusões em função da dessolidarização ou da projeção de materiais ou componentes a partir das coberturas e das fachadas, tanques de lavar, pias e lavatórios, com ou sem pedestal, e de componentes ou equipamentos normalmente fixáveis em paredes; h) ferimentos ou contusões em função de explosão resultante de vazamento ou de confinamento de gás combustível. Deve-se realizar a indicação de meios de minimização dos riscos à segurança do usuário e comprovar esses sistemas, elementos e componentes utilizados, por meio de inspeção.	Inspeção	Construtor	Relatório de inspeção
9.3. Segurança das instalações			
9.3.1: Segurança na utilização das instalações Os projetos das instalações hidráulicas e SPDA devem estar dispostos conforme as normas vigentes.	Análise de projeto	Projetista de instalações	Aprovação dos projetos nos órgãos competentes
10. Estanqueidade			
10.3. Estanqueidade a fontes de umidade internas à edificação			
10.3.1: Estanqueidade à água utilizada na operação e manutenção do imóvel Avaliar se constam em projeto detalhes de impermeabilização que assegurem a estanqueidade a águas utilizadas no uso, na operação e manutenção do imóvel das áreas molhadas.	Análise de projeto	Projetista específico	Declaração em projeto (projeto de impermeabilização)

PARTE 1: REQUISITOS GERAIS			
Verificação	**Avaliação**	**Responsável**	**Comprovação**
13. Desempenho lumínico			
13.2. Iluminação natural			
13.2.1: Simulação: níveis mínimos de iluminância natural O nível de iluminância natural (lux) dos ambientes: sala de estar, dormitórios, cozinha e área de serviço, sendo que o cálculo desses valores deve ser realizado para todas as unidades habitacionais com orientações solares diferentes. Os níveis de iluminância devem estar de acordo com a Tabela 4 do item 13.2.1 e para os cálculos deve ser utilizado o algoritmo da NBR 15215-3, com as condições do item 13.2.2 da NBR 15575-1.	Análise de projeto	Projetista de arquitetura	Declaração em projeto

PARTE 1: REQUISITOS GERAIS			
Verificação	**Avaliação**	**Responsável**	**Comprovação**
13.2.3: Medição in loco: fator de luz diurna (FLD) Medir o fator de luz diurna para os mesmos ambientes citados no critério 13.2.1, sendo que os valores mínimos para o FLD devem estar de acordo com a Tabela 5 do item 13.2.3 e devem ser calculados pela equação e condições apresentadas em 13.2.4, desta parte da norma. Para a inspeção em campo deve-se utilizar luxímetro para medir os níveis de iluminância. Se o requisito 13.2.1 for atendido, não é necessário realizar a medição in loco do FLD.	Inspeção	Construtor	Relatório de inspeção

PARTE 1: REQUISITOS GERAIS			
Verificação	**Avaliação**	**Responsável**	**Comprovação**
13.3. Iluminação artificial			
13.3.1: Níveis mínimos de iluminação artificial Garantir o nível de iluminância artificial (lux) indicado na Tabela 6 da NBR 15575-1, para todos os ambientes no interior do apartamento, inclusive circulações e também da área comum do edifício e escadarias. Especificando o tipo de lâmpada a ser utilizada, para garantir o nível mínimo. O cálculo deve ser realizado com as metodologias da NBR 5382. O desenvolvimento do cálculo deve seguir as disposições do Anexo B da NBR 15575-1.	Análise de projeto	Projetista de instalação	Declaração em projeto
14. Durabilidade e manutenibilidade			
14.2. Vida útil de projeto do edifício e dos sistemas que o compõem			
14.2.1: Vida útil de projeto O projeto deve especificar o valor teórico para vida útil de projeto (VUP) para cada um dos sistemas que o compõem, não sendo inferiores aos propostos na Tabela 7 da NBR 15575-1, mais especificamente no Anexo C da parte 1 da norma. Os sistemas devem ter durabilidade potencial compatível com a VUP. Os sistemas do edifício devem ser adequadamente detalhados e especificados em projeto de modo a facilitar a avaliação da VUP, sendo que ela pode ser substituída pela garantia de desempenho fornecida por uma companhia de seguros.	Análise de projeto	Projetista de arquitetura, estrutura, instalações, específico e construtor	Declaração em projeto

PARTE 1: REQUISITOS GERAIS			
Verificação	**Avaliação**	**Responsável**	**Comprovação**
14.2.3: Durabilidade Especificações em projeto das condições de exposição do edifício a fim de possibilitar uma análise de vida útil de projeto e a durabilidade do edifício e seus sistemas.	Análise de projeto	Projetista de arquitetura, estrutura, instalações, específico e construtor	Declaração em projeto

PARTE 1: REQUISITOS GERAIS			
Verificação	**Avaliação**	**Responsável**	**Comprovação**
14.3. Manutenibilidade			
14.3.2: Facilidade ou meios de acesso O edifício deve possuir instalação de suportes para fixação de andaimes, balancins ou outro meio utilizado para manutenção, a fim de facilitar a inspeção predial. Detalhamento em projeto das instalações dos suportes para fixação dos meios de acesso a manutenção e orientações quanto ao uso dos mesmos no manual do usuário, sendo este de responsabilidade do construtor/incorporador.	Análise de projeto	Projetista de arquitetura, estrutura e instalações	Declaração em projeto/ manual de uso, operação e manutenção
15. Saúde, higiene e qualidade do ar			
15.2. Proliferação de micro-organismos			
15.2.1: Proliferação de micro-organismos O projeto deve atender aos requisitos de ventilação e iluminação previstos no Código de Obras do município.	Análise de projeto	Projetista de arquitetura	Declaração em projeto

PARTE 1: REQUISITOS GERAIS			
Verificação	**Avaliação**	**Responsável**	**Comprovação**
15.3. Poluentes na atmosfera interna da habitação			
15.3.1: Poluentes na atmosfera interna à habitação O projeto deve atender aos requisitos de ventilação e iluminação previstos no Código de Obras do município.	Análise de projeto	Projetista de arquitetura	Declaração em projeto
15.4. Poluentes no ambiente de garagem			
15.4.1: Poluentes no ambiente de garagem O projeto deve atender aos requisitos de ventilação e iluminação previstos no Código de Obras do município.	Análise de projeto	Projetista de arquitetura	Declaração em projeto
16. Funcionalidade e acessibilidade			
16.1. Altura mínima de pé direito			
16.1.1: Altura mínima de pé direito O projeto deve atender ao pé direito mínimo de 2,50 m, salvo vestíbulos, halls, corredores, instalações sanitárias e despensas nos quais o mínimo é considerado 2,30 m. Já em tetos com vigas, inclinados, abobadados entre outros, deve ser mantido pelo menos 80% da superfície do teto em 2,50 m, e o restante em 2,30 m. Se as leis vigentes indicarem pés direitos mínimos maiores que o sugerido, estes que devem ser atendidos.	Análise de projeto	Projetista de arquitetura	Declaração em projeto

PARTE 1: REQUISITOS GERAIS			
Verificação	**Avaliação**	**Responsável**	**Comprovação**

16.2. Disponibilidade mínima de espaços para uso e operação da habitação

Verificação	Avaliação	Responsável	Comprovação
16.2.1: Disponibilidade mínima de espaços para uso e operação da habitação Avaliar no projeto arquitetônico o dimensionamento dos cômodos sobre os parâmetros do Anexo F da NBR 15575-1, e/ou código de obras quando existente.	Análise de projeto	Projetista de arquitetura	Declaração em projeto

PARTE 1: REQUISITOS GERAIS			
Verificação	**Avaliação**	**Responsável**	**Comprovação**

16.3. Adequação para pessoas com deficiências físicas ou pessoas com mobilidade reduzida

Verificação	Avaliação	Responsável	Comprovação
16.3.1: Adaptações de áreas comuns e privativas A edificação deve possuir o número mínimo de unidades para pessoas com deficiências físicas ou mobilidade reduzida de acordo com o código de obras do município, respeitando também a NBR 9050, tanto para as unidades quanto para as áreas de uso comum. Premissas de projeto para as áreas de uso e comum e para as áreas privativas: acessos e instalações, substituição de escadas por rampas, limitação de declividade e de espaços a percorrer, largura de corredores e portas, alturas de peças sanitárias e disponibilidade de alças e barras de apoio.	Análise de projeto	Projetista de arquitetura	Declaração em projeto (projeto específico de acessibilidade)

PARTE 1: REQUISITOS GERAIS			
Verificação	Avaliação	Responsável	Comprovação
16.4. Possibilidade de ampliação da unidade habitacional			
16.4.1: Ampliação de unidades habitacionais evolutivas No projeto e na execução de edificações térreas e assobradas, de caráter evolutivo, deve ser prevista pelo incorporador ou construtor a possibilidade de ampliação, especificando os detalhes construtivos para a ligação ou a continuidade dos sistemas (pisos, paredes, coberturas e instalações). O incorporador ou construtor deve anexar ao manual de uso, operação e manutenção as especificações para futura ampliação, sendo que estas devem permitir no mínimo a manutenção dos níveis de desempenho da construção não ampliada.	Análise de projeto	Projetista de arquitetura, estrutura e instalações	Manual de uso, operação e manutenção e memorial descritivo
17. Conforto tátil e antropodinâmico			
17.2. Conforto tátil e adaptação ergonômica			
17.2.1: Adequação ergonômica de dispositivos de manobra Os elementos e componentes da habitação (trincos, puxadores, cremonas guilhotinas etc.) devem ser projetados, construídos e montados de forma a não provocar ferimentos nos usuários. Elemento com normatização específica como janelas, portas, torneiras, entre outros, devem ainda atender às normas correspondentes.	Análise de projeto	Projetista de arquitetura	Declaração em projeto

PARTE 1: REQUISITOS GERAIS			
Verificação	**Avaliação**	**Responsável**	**Comprovação**
17.3. Adequação antropodinâmica de dispositivos de manobra			
17.3.1: Força necessária para o acionamento de dispositivos de manobra Os componentes, equipamentos e dispositivos de manobra devem ser projetados, construídos e montados de forma a evitar que a força necessária para o acionamento exceda 10 N nem o torque ultrapasse 20 N.m.	Ensaio	Construtor	Laudo do fornecedor

PARTE 2: SISTEMAS ESTRUTURAIS			
Verificação	**Avaliação**	**Responsável**	**Comprovação**
7. Segurança estrutural			
7.2. Estabilidade e resistência do sistema estrutural e demais elementos com função estrutural			
7.2.1: Estado limite último As condições de desempenho devem ser comprovadas analiticamente, demonstrando o atendimento ao Estado Limite Último (ELU). O projeto estrutural deve apresentar justificativa dos fundamentos técnicos com base em Normas Técnicas de acordo com a tipologia estrutural.	Análise de projeto	Projetista de estrutura	Declaração em projeto

PARTE 2: SISTEMAS ESTRUTURAIS			
Verificação	Avaliação	Responsável	Comprovação
7.3. Deformações ou estados de fissuração do sistema estrutural			
7.3.1: Estados limites de serviço Na edificação habitacional os deslocamentos devem ser menores que os estabelecidos nas normas de projetos estruturais e as fissuras devem ter aberturas menores que os limites indicados nas NBR 6118 e NBR 9062. O projeto estrutural deve considerar ação de cargas gravitacionais, de temperatura e vento, recalques diferenciais das fundações e outras solicitações passíveis de atuar sobre a edificação (normas a serem seguidas NBR 6122, NBR 6123 e NBR 8681). As flechas limites devem ser determinadas pelas respectivas normas técnicas ou pelas tabelas 1 e 2 do item 7.3.1 na NBR 15575-2, sendo o mesmo critério para as fissuras, sendo que elas não podem exceder aberturas maiores que 0,6mm.	Análise de projeto	Projetista de estrutura	Declaração em projeto
7.4. Impactos de corpo mole e corpo duro			
O sistema estrutural não deve sofrer ruptura ou instabilidade sob as energias de impacto indicadas nas tabelas 3 a 5 no item 7.4.1 da NBR 15575-2. É dispensada a realização de ensaio de laboratório quando atendido o requisito 7.2, para os seguintes sistemas estruturais: estruturas de concreto armado, de madeira, de aço e mistas de aço e concreto, de pré-moldado de concreto, de aço constituídas por perfis formados a frio e para alvenaria estrutural em blocos de concreto.	Análise de projeto	Projetista de estrutura	Declaração em projeto

PARTE 2: SISTEMAS ESTRUTURAIS			
Verificação	**Avaliação**	**Responsável**	**Comprovação**
14. Durabilidade e manutenibilidade			
14.1. Durabilidade do sistema estrutural			
14.1.1: Vida útil de projeto do sistema estrutural Deve-seanalisara compatibilidade dosmateriaisutilizados em relação aos agentes deterioradores. O manual de uso e manutenção da edificação deve recomendar o correto uso da edificação vinculado ao sistema estrutural, recomendar as intervenções periódicas de manutenções necessárias para preservar o desempenho requerido do sistema estrutural. O projeto estrutural deve mencionar as normas aplicáveis às condições ambientais vigentes na época do projeto e a utilização prevista da edificação. A vida útil de projeto do sistema estrutural segundo o Anexo C Tabela C.6 da NBR 15575-1 é de no mínimo 50 anos.	Análise de projeto	Projetista de estrutura	Declaração em projeto
14.2. Manutenção do sistema estrutural			
14.2.1: Manual de operação uso e manutenção do sistema estrutural O manual de uso, operação e manutenção do sistema estrutural deve atender à NBR 5674 e NBR 14037.	Análise de projeto	Projetista de estrutura e construtor	Declaração em projeto e manual de uso, operação e manutenção

PARTE 3: SISTEMAS DE PISOS			
Verificação	**Avaliação**	**Responsável**	**Comprovação**
7. Desempenho estrutural			
7.2. Estabilidade e resistência estrutural			
A camada estrutural do sistema de piso (laje) deve atender às normas técnicas de acordo com a tipologia da estrutura adotada. O piso (laje) deve ter condições de desempenho comprovadas analiticamente, demonstrando o atendimento ao estado limite último (ELU) e também a justificativa dos fundamentos técnicos com base nas normas técnicas, apresentadas no projeto estrutural.	Análise de projeto	Projetista de estrutura	Declaração em projeto
7.3. Limitação dos deslocamentos verticais			
A camada estrutural do sistema de piso (laje) deve contemplar em projeto os corretos deslocamentos verticais limites bem como limitar fissuras ou quaisquer falhas no sistema; deve-se seguir as recomendações das normas técnicas pertinentes a tipologia de estrutura ou atender às tabelas 1 e 2 da NBR 15575-2.	Análise de projeto	Projetista de estrutura	Declaração em projeto
7.4. Resistência a impactos de corpo-duro			
O sistema de pisos deve atender à Tabela 1 da NBR 15575-3. Para energia de impacto de corpo duro de 5J: Não ocorrência de ruptura total da camada de acabamento, permitidas falhas superficiais, como mossas, lascamentos, fissuras e desagregações.	Ensaio	Construtor	Laudo do fornecedor

PARTE 3: SISTEMAS DE PISOS			
Verificação	**Avaliação**	**Responsável**	**Comprovação**
Para energia de impacto de corpo duro de 30J: Não ocorrência de ruína e transpassamento, permitidas falhas superficiais como mossas, fissuras lascamentos e desagregações. O fornecedor deve disponibilizar o laudo de ensaio do revestimento (camada de acabamento), seguindo as premissas do Anexo A da NBR 15575-2. Considera-se apenas o acabamento.	Ensaio	Construtor	Laudo do fornecedor
7.5. Cargas verticais concentradas			
Os sistemas de piso não devem apresentar ruptura ou qualquer outro dano, quando submetidos a cargas verticais concentradas de 1 kN, aplicadas no ponto mais desfavorável e não apresentarem deslocamentos superiores a L/250, se construídos ou revestidos de material rígido, ou L/300, se construídos de material dúctil. Ensaio seguindo as premissas do Anexo B da NBR 15575-2. Considera-se apenas o acabamento.	Ensaio	Construtor	Laudo do fornecedor
8. Segurança ao fogo			
8.2. Dificultar a ocorrência da inflamação generalizada			
8.2.1: Avaliação da reação ao fogo da face inferior do sistema de piso	Análise de projeto	Projetista estrutural	Declaração em projeto

PARTE 3: SISTEMAS DE PISOS			
Verificação	Avaliação	Responsável	Comprovação
Os critérios de avaliação da reação ao fogo da face inferior do sistema de pisos (camada estrutural) devem corresponder aos presentes nas tabelas 2 e 3 da NBR 15575-3. Materiais classe I, como aço e concreto, atendem a este critério, já os demais devem passar por ensaio. Esse ensaio deve ser desenvolvido com base na NBR 9442.	Análise de projeto	Projetista estrutural	Declaração em projeto
Considera-se apenas o material.	Ensaio	Construtor	Laudo do fornecedor
8.2.3: Avaliação da reação ao fogo da face superior do sistema de piso			
Os critérios de avaliação da reação ao fogo da face superior do sistema de piso (acabamento, revestimento e isolamento termoacústico) devem corresponder aos presentes na Tabela 4 da NBR 15575-3. Materiais pétreos, como mármore, granito e materiais cerâmicos são considerados classe I, os demais devem passar por ensaio, para definir a classe. Esse ensaio deve estar de acordo com as especificações da NBR 8660.	Ensaio	Construtor	Laudo do fornecedor
8.3. Dificultar a propagação do incêndio entre pavimentos e elementos estruturais associados			
8.3.1: Resistência ao fogo de elementos de compartimentação entre pavimentos e elementos estruturais associados	Análise de projeto	Projetista estrutural	Declaração em projeto

PARTE 3: SISTEMAS DE PISOS			
Verificação	Avaliação	Responsável	Comprovação
Os sistemas ou elementos de vedação entre os pavimentos, sendo estes entrepisos e elementos estruturais associados, escadas, elevadores e montecargas, devem atender aos critérios de resistência ao fogo, controlando os riscos de propagação do incêndio e de fumaça, de comprometimento da estabilidade da edificação num ou todo ou parte dela em qualquer situação de incêndio.	Análise de projeto	Projetista estrutural	Declaração em projeto
A resistência ao fogo de elementos de compartimentação entre pavimentos e elementos estruturais associados deve ser comprovada de uma das seguintes maneiras: ensaios de acordo com a NBR 5628 ou métodos analíticos especificados pela NBR 15200 (estruturas de concreto) e NBR 12323 (estruturas de aço ou mistas)	Ensaio	Construtor	Laudo do fornecedor
8.3.3: Selagem corta-fogo nas prumadas elétricas e hidráulicas Todas as aberturas existentes nos pisos para as prumadas elétricas e hidráulicas devem ser dotadas de selagem corta-fogo, com tempo de resistência ao fogo igual ao do sistema de pisos utilizado e levando em consideração a altura da edificação. Os ensaios devem ser realizados conforme NBR 6479			
8.3.5: Selagem corta-fogo de tubulações de materiais poliméricos (PPR)			

PARTE 3: SISTEMAS DE PISOS			
Verificação	Avaliação	Responsável	Comprovação
Todas as tubulações de materiais poliméricos de diâmetro interno superior a 40 mm, que passam através do piso, devem receber proteção especial por selagem capaz de fechar o buraco deixado pelo tudo ao ser consumido pelo fogo abaixo do piso, podendo essa metodologia ser substituída por prumadas enclausuradas (8.3.5). Os ensaios devem ser realizados conforme NBR 6479.	Ensaio	Construtor	Laudo do fornecedor
8.3.7: Registros corta-fogo nas tubulações de ventilação Todas as tubulações de ventilação forçada (exaustores, coifas, escadas pressurizadas etc.) e ar condicionado que transpassam os pisos devem ser prover de registro corta-fogo, instalados ao nível de cada piso, sendo a sua resistência ao fogo igual ao do sistema de pisos adotado. Os ensaios devem ser realizados conforme NBR 6479.			
8.3.9: Prumadas enclausuradas Todas as prumadas por onde passam as instalações de serviço, como esgoto e águas pluviais, não necessitam ser seladas, desde que sejam totalmente enclausuradas, ou seja, possuam paredes corta-fogo que resistam ao fogo na mesma proporção que o sistema de pisos adotado. Os ensaios devem ser realizados conforme NBR 6479.			

PARTE 3: SISTEMAS DE PISOS			
Verificação	**Avaliação**	**Responsável**	**Comprovação**
8.3.11: Prumadas de ventilação permanente Todos os dutos de ventilação e exaustão permanentes de banheiros, compostos por materiais incombustíveis (classe I segundo a Tabela 2 da NBR 15575-3), sendo que as paredes e as tubulações que os constituem devem ser corta-fogo e possuir todas as suas derivações nos banheiros protegidas por grades de material intumescente, com resistência ao fogo igual ao sistema de piso. Os ensaios devem ser realizados conforme NBR 6479	Ensaio	Construtor	Laudo do fornecedor
8.3.13: Prumada de lareiras, churrasqueiras, varandas gourmet e similares Todos os dutos de exaustão de lareiras, churrasqueiras, varandas gourmet e similares devem ser de material incombustível (classe I segundo a Tabela 2 da NBR 155753) e estarem dispostos de forma a não propagarem incêndio entre os pavimentos ou no próprio pavimento de origem.	Análise de projeto	Projetista de instalações	Solução descrita em projeto
9. Segurança no uso e na ocupação			
9.1. Coeficiente de atrito da camada de acabamento			
9.1.1: Coeficiente de atrito dinâmico A camada de acabamento dos sistemas de pisos da edificação deve apresentar coeficiente de atrito dinâmico de acordo com os valores apresentados na NBR 16919.	Ensaio	Construtor	Laudo do fornecedor

PARTE 3: SISTEMAS DE PISOS			
Verificação	**Avaliação**	**Responsável**	**Comprovação**
Especificar em projeto o coeficiente de atrito de cada acabamento a ser utilizado	Análise de projeto	Projetista de arquitetura	Declaração em projeto
9.2. Segurança na circulação			
9.2.1: Desníveis abruptos	Inspeção	Construtor	Relatório de inspeção
Nas áreas privativas os desvios abruptos devem possuir sinalização quando superiores a 5 mm, sendo que devem garantir a visibilidade do desnível (mudanças de cor, testeiras, faixas de sinalização) já as áreas comuns devem atender à NBR 9050.	Análise de projeto	Projetista de arquitetura	Declaração em projeto (projeto específico de acessibilidade)
9.2.2: Frestas O sistema de pisos deve apresentar frestas (ou juntas sem preenchimento) com abertura máxima entre componentes de pisos de 4 mm, executando juntas de movimentação em ambiente externo.	Análise de projeto	Projetista de arquitetura	Declaração em projeto
9.3. Segurança no contato direto			
9.3.1: Arestas contundentes A superfície do sistema de piso não deve apresentar arestas contundentes e não pode liberar fragmentos perfurantes ou contundentes, em condições normais de uso e manutenção, incluindo as atividades de limpeza, ou seja, as superfícies dos pisos não podem provocar lesões aos usuários	Inspeção	Construtor	Relatório de inspeção

PARTE 3: SISTEMAS DE PISOS			
Verificação	Avaliação	Responsável	Comprovação
10. Estanqueidade			
10.2. Estanqueidade de sistemas de pisos em contato com umidade ascendente			
10.2.1: Estanqueidade de sistema de pisos em contato com a umidade ascendente Os sistemas de pisos devem ser estanques a umidade ascendente, considerando a altura máxima do lençol freático prevista para o local da obra (impermeabilização de parede e drenagem de subsolo).	Análise de projeto	Projetista específico	Declaração em projeto (projeto de impermeabilização)
10.3. Estanqueidade de sistemas de pisos de áreas molháveis da habitação			
Áreas molháveis não são estanques e essa informação deve constar no manual do usuário, portanto o critério de estanqueidade não é aplicável.	Análise de projeto	Construtor	Manual de uso, operação e manutenção
10.4. Estanqueidade de sistemas de pisos de áreas molhadas da habitação			
10.4.1: Estanqueidade de sistema de pisos de áreas molhadas Os sistemas de pisos de áreas molhadas não devem permitir o surgimento de umidade, sendo que a superfície inferior e os encontros com paredes e pisos adjacentes que os delimitam devem permanecer secos, quando submetidos a uma lâmina de água de no mínimo 10 mm em seu ponto mais alto durante 72h. Seguir as premissas de ensaio do Anexo C da NBR 15575-3 (Ensaio in-loco da Lâmina de Água)	Ensaio	Construtor	Laudo de ensaio

PARTE 3: SISTEMAS DE PISOS			
Verificação	Avaliação	Responsável	Comprovação
12. Desempenho acústico			
12.3. Níveis de ruído admitidos na habitação			
12.3.1: Ruído de impacto em sistema de pisos O som resultante de ruídos de impacto (caminhamento, queda de objetos etc.) entre unidades habitacionais deve ser avaliado conforme métodos da NBR 15575-3, sendo avaliados apenas em dormitórios. Analisar Tabela 6 da NBR 15575-3: ≤ 80dB para sistemas de pisos separando unidades habitacionais autônomas posicionadas em pavimentos distintos. ≤ 55dB para sistemas de pisos de área de uso coletivo (atividades de lazer e esportivas, como home theater, salas de ginástica, salão de festas, salão de jogos, banheiros e vestiários coletivos, cozinhas e lavanderias coletivas) sobre unidades habitacionais autônomas.	Ensaio	Construtor	Laudo de ensaio
12.3.2. Isolamento de ruído aéreo dos sistemas de pisos entre unidades habitacionais O isolamento de som aéreo de uso normal (fala, tv, conversas, música) e uso eventual (áreas comuns, áreas de uso coletivo) deve ser avaliado segundo os métodos da NBR 15575-3, avaliando apenas os dormitórios. Analisar Tabela 7 da NBR 15575-3:			

PARTE 3: SISTEMAS DE PISOS			
Verificação	Avaliação	Responsável	Comprovação
≥ 45dB para sistemas de pisos separando unidades habitacionais autônomas, no caso de pelo menos um dos ambientes ser dormitório.			
≥ 40dB para sistemas de pisos separando unidades habitacionais autônomas de áreas comuns de transito eventual, como corredores e escadaria nos pavimentos bem como em pavimentos distintos, nenhum ambiente deve ser dormitório.			

PARTE 3: SISTEMAS DE PISOS			
Verificação	Avaliação	Responsável	Comprovação
≥ 45dB para sistemas de pisos separando unidades habitacionais autônomas de áreas comuns de uso coletivo, para atividades de lazer e esportivas, como home theater, salas de ginástica, salão de festas, salão de jogos, banheiros e vestiários coletivos, cozinhas e lavanderias coletivas.	Ensaio	Construtor	Laudo de ensaio
14. Durabilidade e manutenibilidade			
14.2. Resistência à umidade do sistema de pisos de áreas molhadas e molháveis			
14.2.1: Ausência de danos em sistema de pisos de áreas molhadas e molháveis pela presença de umidade	Ensaio	Construtor	Laudo do fornecedor

PARTE 3: SISTEMAS DE PISOS			
Verificação	Avaliação	Responsável	Comprovação
O sistema de pisos deve atender aos critérios de não formação de bolhas, fissuras, empolamentos, destacamentos, delaminações, eflorescências e desagregação superficial quando submetidos a uma lâmina de água de no mínimo 10 mm em seu ponto mais alto, durante 72h. Sendo esse ensaio solicitado ao fornecedor da camada de acabamento. Seguir as premissas de ensaio do Anexo C da NBR 15575-3.	Ensaio	Construtor	Laudo do fornecedor
14.3. Resistência ao ataque químico dos sistemas de pisos			
14.3.1: Ausência de danos em sistema de pisos pela presença de agentes químicos Avaliar, seguindo o método de ensaio descrito no Anexo D da NBR 15575-3, a resistência química dos componentes, quando não possuem normas específicas ao ataque químico e deve constar no projeto a resistência ao ataque químico da peça cerâmica.	Ensaio	Construtor	Laudo do fornecedor
No projeto arquitetônico deve estar indicada a resistência mao ataque químico do revestimento (peça cerâmica, lâmina).	Análise de projeto	Projetista de arquitetura	Especificação técnica
14.4. Resistência ao desgaste por abrasão			
14.4.1: Desgaste por abrasão As camadas de acabamento devem apresentar resistência ao desgaste devido aos esforços de uso, de forma a garantir a vida útil estabelecida em projeto, conforme NBR 15575-1.	Ensaio	Construtor	Laudo do fornecedor

PARTE 3: SISTEMAS DE PISOS			
Verificação	**Avaliação**	**Responsável**	**Comprovação**
Constar no projeto a resistência à abrasão da peça cerâmica utilizada.	Análise de projeto	Projetista de arquitetura	Especificação técnica
17. Conforto tátil e antropodinâmico			
17.2. Homogeneidade quanto à planeza da camada de acabamento do sistema de piso			
17.2.1: Planeza Necessidade de planicidade da camada de acabamento ou superfícies para a fixação de camada de acabamento das áreas comuns e privativas com valores iguais ou inferiores a 3 mm com régua de 2 m em qualquer direção.	Inspeção	Construtor	Relatório de inspeção

PARTE 4: SISTEMAS DE VEDAÇÕES VERTICAIS INTERNAS E EXTERNAS – SVVIE			
Verificação	**Avaliação**	**Responsável**	**Comprovação**
7. Desempenho estrutural			
7.1. Estabilidade e resistência estrutural dos SVVIE			
7.1.1: Estado-limite último Atender aos cálculos e ensaios descritos na NBR 15575-2 quando se tratar de sistema estrutural. Já quando for vedação vertical interna ou externa com função estrutural, o projeto deve seguir a Norma Brasileira específica do sistema adotado. No caso de alvenaria estrutural apresentar memorial de cálculo completo. Para SVVIE sem função estrutural não se aplica.	Análise de projeto	Projetista de estrutura	Declaração em projeto

PARTE 4: SISTEMAS DE VEDAÇÕES VERTICAIS INTERNAS E EXTERNAS – SVVIE			
Verificação	Avaliação	Responsável	Comprovação
7.2. Deslocamentos, fissuração e ocorrência de falhas nos SVVIE			
7.2.1: Limitação de deslocamentos e fissuração Os SVVIE que possuem função estrutural devem atender à NBR 15575-2 em relação a cálculos ou ensaios. O projeto deve mencionar a função estrutural ou não dos SVVIE, indicando as Normas Brasileiras aplicáveis para cada um. Análise de projeto de arquitetura para SVVIE sem função estrutural	Análise de projeto	Projetista de arquitetura	Declaração em projeto
Análise de projeto estrutural para SVVIE com função estrutural.	Análise de projeto	Projetista de estrutura	Memorial de cálculo
7.3. Solicitações de cargas provenientes de peças suspensas atuantes nos SVVIE			
7.3.1: Capacidade de suporte para peças suspensas O SVVIE da edificação habitacional, com ou sem função estrutural, sob ação de cargas devidas a peças suspensas, não deve apresentar fissuras, deslocamentos horizontais instantâneos ou deslocamentos residuais, lascamentos ou rupturas, nem permitir o arrancamento dos dispositivos de fixação nem seu esmagamento. Premissas de projeto: cargas de uso e local que podem ser aplicadas (indicado em planta) e dispositivos e sistemas de fixação e seu detalhamento (mão--francesa, parafuso etc).	Análise de projeto	Projetista de arquitetura	Declaração em projeto/ Manual de uso, operação e manutenção
Seguir premissas do Anexo A da NBR 15575-4 para o ensaio.	Ensaio	Construtor	Laudo de ensaio

PARTE 4: SISTEMAS DE VEDAÇÕES VERTICAIS INTERNAS E EXTERNAS – SVVIE			
Verificação	Avaliação	Responsável	Comprovação
7.4. Impacto de corpo-mole nos SVVIE, com ou sem função estrutural			
7.4.1: Resistência a impactos de corpo-mole O SVVIE deve atender aos seguintes critérios: Não sofrer rupturas ou instabilidade, que caracterize o estado-limite último, para as energias de impacto correspondentes as indicadas nas tabelas 3 e 4 da NBR 15575-4.	Análise de projeto	Projetista de arquitetura	Declaração em projeto

PARTE 4: SISTEMAS DE VEDAÇÕES VERTICAIS INTERNAS E EXTERNAS – SVVIE			
Verificação	Avaliação	Responsável	Comprovação
Não apresentar fissuras, escamações, delaminações ou qualquer outro tipo de falha que possa comprometer o estado de utilização, observando ainda os limites de deslocamentos instantâneos e residuais indicados nas tabelas 3 e 4 da NBR 15575-4. Não provocar danos a componentes, instalações ou aos acabamentos acoplados ao SVVIE, de acordo com as energias de impacto indicadas nas tabelas 3 e 4 da NBR 15575-4.	Análise de projeto	Projetista de arquitetura	Declaração em projeto
Premissas de projeto: assegurar a fácil reposição dos materiais de revestimento utilizados e explicitar que o revestimento interno da parede de fachada multicamada não é parte integrante da estrutura da parede, nem considerado no contraventamento. Este ensaio deve ser realizado de acordo com a NBR 11675.	Ensaio	Construtor	Laudo de ensaio

PARTE 4: SISTEMAS DE VEDAÇÕES VERTICAIS INTERNAS E EXTERNAS – SVVIE			
Verificação	Avaliação	Responsável	Comprovação
7.5. Ações transmitidas por portas			
7.5.1: Ações transmitidas por portas internas ou externas O SVVIE deve atender aos itens abaixo: Quando as portas forem submetidas a dez operações de fechamento brusco, as paredes não podem apresentar falhas. Sob a ação de um impacto de corpo mole com energia de 240 J, aplicado no centro geométrico da folha da porta, não pode ocorrer arrancamento do marco, nem ruptura ou perda de estabilidade da parede. Seguir premissas do Anexo A da NBR 15575-2.	Ensaio	Construtor	Laudo de ensaio
7.6. Impacto de corpo duro nos SVVIE, com ou sem função estrutural			
7.6.1: Resistência a impactos de corpo duro O SVVIE deve atender aos critérios abaixo quando sob a ação de impactos de corpo duro: Não apresentar fissuras, escamações, delaminações ou qualquer outro tipo de dano. Não apresentar ruptura ou traspassamento sob ação dos impactos de corpo duro indicados nas tabelas 7 e 8 da NBR 15575-4. Este ensaio deve ser realizado de acordo com o Anexo B da NBR 15575-4 ou NBR 11675.	Ensaio	Construtor	Laudo de ensaio

PARTE 4: SISTEMAS DE VEDAÇÕES VERTICAIS INTERNAS E EXTERNAS – SVVIE			
Verificação	Avaliação	Responsável	Comprovação
7.7. Cargas de ocupação incidentes em guarda-corpos e parapeitos de janelas			
7.7.1: Ações estáticas horizontais, estáticas verticais e de impactos incidentes em guarda-corpos e parapeitos Os guarda-corpos de edificações habitacionais devem atender ao disposto na NBR 14718, em relação aos esforços mecânicos e demais disposições previstas. Detalhamento em projeto dos guarda-corpos e de sua fixação. Não sendo necessário realizar ensaios dos guarda-corpos.	Análise de projeto	Projetista estrutural	Declaração em projeto
Para os parapeitos, seguir métodos para ensaios de impacto previstos na NBR 15575-4.	Ensaio	Construtor	Laudo de ensaio
8. Segurança contra incêndio			
8.2. Dificultar ocorrência de inflamação generalizada			
8.2.1: Avaliação da reação ao fogo da face interna dos sistemas de vedações verticais e respectivos miolos isolantes térmicos e absorventes acústicos As superfícies internas das vedações verticais externas (fachadas), ambas as superfícies das vedações verticais internas e os materiais empregados no meio das paredes (internas/externas), devem classificar-se de acordo com o item 8.2.1 da NBR 15575-4. Considerar premissas da NBR 9442 ou NBR 15575-3 para ensaio.	Ensaio	Construtor	Laudo do fornecedor

NORMA DE DESEMPENHO DE EDIFICAÇÕES: MODELO DE APLICAÇÃO EM CONSTRUTORAS

PARTE 4: SISTEMAS DE VEDAÇÕES VERTICAIS INTERNAS E EXTERNAS – SVVIE			
Verificação	**Avaliação**	**Responsável**	**Comprovação**
8.3. Dificultar a propagação do incêndio			
8.3.1: Avaliação da reação ao fogo da face externa das vedações verticais que compõem a fachada As vedações externas (fachadas) da edificação devem classificar-se como I ou II B, classificações que se encontram nas tabelas 9 e 10 da NBR 15575-4. Considerar premissas da NBR 9442 ou NBR 15575-3 para ensaio.	Ensaio	Construtor	Laudo do fornecedor
8.4. Dificultar a propagação do incêndio e preservar a estabilidade estrutural da edificação			
8.4.1: Resistência ao fogo de elementos estruturais e de compartimentação	Ensaio	Construtor	Laudo de ensaio
Os elementos de vedação vertical que integram as edificações habitacionais devem atender o tempo requerido de resistência ao fogo para os elementos de vedação da edificação conforme NBR 14432, para controlar os riscos de propagação e preservar a estabilidade estrutural da edificação em situação de incêndio. Para elementos com função estrutural deve-se realizar ensaio conforme a NBR 5628. Para elementos sem função estrutural deve-se comprovar por meio de ensaios especificados pela NBR 10636-1 ou por métodos analíticos segundo a NBR 15200 (estruturas de concreto) ou NBR 14323 (estruturas de aço).	Análise de projeto	Projetista de estrutura	Declaração em projeto

PARTE 4: SISTEMAS DE VEDAÇÕES VERTICAIS INTERNAS E EXTERNAS – SVVIE			
Verificação	Avaliação	Responsável	Comprovação
10. Estanqueidade			
10.1. Infiltração de água nos SVVE			
10.1.1: Estanqueidade à água de chuva, considerando-se a ação dos ventos, em sistemas de vedações verticais externas (fachadas) O projeto deve indicar os detalhes construtivos para as interfaces e juntas entre componentes, a fim de facilitar o escoamento da água, evitando a penetração para dentro da edificação. No projeto também devem constar obras de proteção no perímetro da construção, evitando o acúmulo de água nas bases da fachada.	Análise de projeto ou ensaio	Fornecedor	Projeto (esquadria) ou laudo de ensaio (esquadria)
Detalhar as pingadeiras, junta entre vedação e abertura etc. Deve-se apresentar projeto ou realizar ensaio de tipo em laboratório, de acordo com a ABNT NBR 10821-3,para a verificação da estanqueidade à água de esquadrias.	Análise de projeto	Projetista de arquitetura	Detalhamento em projeto
10.2. Umidade nas VVIE decorrentes da ocupação do imóvel			
10.2.1: Estanqueidade de vedações verticais internas e externas com incidência direta de água – Áreas molhadas A quantidade de água que penetra deve atender ao critério de não ser superior a 3 cm³, por um período de 24h, em uma área exposta com dimensões de 34 cm x 16 cm, conforme ensaio descrito no Anexo D da NBR 15575-4.	Ensaio	Construtor	Laudo de ensaio

PARTE 4: SISTEMAS DE VEDAÇÕES VERTICAIS INTERNAS E EXTERNAS – SVVIE			
Verificação	**Avaliação**	**Responsável**	**Comprovação**
No projeto devem constar os detalhes executivos dos pontos de interface entre os sistemas (pisos e vedações).	Análise de projeto	Projetista específico	Solução descrita em projeto
10.2.2: Estanqueidade de vedações verticais internas e externas em contato com áreas molháveis As vedações internas e externas devem atender ao critério de não ocorrer presença de umidade perceptível nos ambientes contíguos, desde que respeitadas as condições de ocupação e manutenção previstas em projeto.	Inspeção	Construtor	Relatório de inspeção
A inspeção visual deve ser realizada a 1 m de distância da parede, não admitindo qualquer ocorrência de umidade.	Análise de projeto	Projetista de arquitetura	Solução descrita em projeto
11. Desempenho térmico			
11.2. Adequação de paredes externas			
11.2.1: Transmitância térmica de paredes externas A transmitância térmica do sistema de vedação deve ser: $U \leq 2,5$ $W/m^2.K$, conforme o procedimento simplificado (o qual foi significativamente alterado na versão de 2021) apresentado no item 11.1 da NBR 15575-1.	Análise de projeto	Projetista de arquitetura	Declaração e detalhamento em projeto

PARTE 4: SISTEMAS DE VEDAÇÕES VERTICAIS INTERNAS E EXTERNAS – SVVIE			
Verificação	Avaliação	Responsável	Comprovação
11.2.2: Capacidade térmica de paredes externas A capacidade térmica do sistema de vedação deve ser: C ≥ 130 kJ/m².K, conforme o procedimento simplificado (o qual foi significativamente alterado na versão de 2021) apresentado no item 11.1 da NBR 15575-1.	Análise de projeto	Projetista de arquitetura	Declaração e detalhamento em projeto
11.3. Aberturas para ventilação			
11.3.1: Aberturas para ventilação Os ambientes de permanência prolongada devem possuir aberturas para ventilação com áreas que atendam à legislação específica do local da obra. A obra deve possuir habite-se, seguindo as recomendações do Código de Obras do munícipio.	Análise de projeto	Construtor	Apresentação do habite-se
12. Desempenho acústico			
12.3. Níveis de ruídos permitidos na habitação			
12.3.1: Diferença padronizada de nível ponderada, promovida pela vedação externa (fachada e cobertura, no caso de casas térreas e sobrados, e somente fachada, nos edifícios multipiso), verificada em ensaio de campo Os dormitórios da unidade habitacional devem ser avaliados em relação à fachada externa, seguindo Tabela 17 da NBR 15575-4. Classe I: ≥ 20dB quando a habitação estiver localizada distante de fontes de ruído intenso de quaisquer naturezas.	Ensaio	Construtor	Laudo de ensaio

PARTE 4: SISTEMAS DE VEDAÇÕES VERTICAIS INTERNAS E EXTERNAS – SVVIE			
Verificação	Avaliação	Responsável	Comprovação
Classe II: ≥ 25dB quando a habitação estiver localizada em áreas sujeitas a situações de ruído não enquadráveis nas classes I e III	Ensaio	Construtor	Laudo de ensaio
Classe III: ≥ 30dB quando a habitação estiver localizada em áreas sujeitas a ruído intenso de meios de transporte e de outras naturezas, desde que esteja de acordo com a legislação			
12.3.2: Diferença padronizada de nível ponderada, promovida pela vedação entre ambientes, verificada em ensaio de campo.			
Realização dos métodos de verificação do item 12.2.1 e a conferência dos valores mínimos conforme Tabela 18 da NBR 15575-4:			
≥ 40 dB para paredes entre unidades habitacionais autônomas (parede de geminação), nas situações em que não haja ambiente dormitório; ≥ 45 dB para paredes entre unidades habitacionais autônomas (parede de geminação), no caso de pelo menos um dos ambientes ser dormitório;			
≥ 40 dB para paredes cegas de dormitórios entre uma unidade habitacional e áreas comuns de trânsito eventual, como corredores e escadaria dos pavimentos;			
≥ 45 dB para parede cega entre uma unidade habitacional e áreas comuns de permanência de pessoas, atividades de lazer e atividades esportivas;			
≥ 40 dB para conjunto de paredes e portas de unidades distintas separadas pelo hall.			

PARTE 4: SISTEMAS DE VEDAÇÕES VERTICAIS INTERNAS E EXTERNAS – SVVIE			
Verificação	**Avaliação**	**Responsável**	**Comprovação**
14. Durabilidade e manutenibilidade			
14.1. Paredes externas – SVVE			
14.1.1: Ação de calor e choque térmico As paredes externas, incluindo seus revestimentos, submetidas a dez ciclos sucessivos de exposição ao calor e resfriamento, devem atender aos critérios citados abaixo: Não apresentar deslocamento horizontal instantâneo, no plano perpendicular ao corpo de prova, superior a h/300, em que h é a altura do corpo de prova. Não apresentar a ocorrência de falhas, como fissuras, destacamentos, empolamentos, descoloramentos e outros danos que possam comprometer a utilização do SVVE. O autor indica como método de avaliação um ensaio, de responsabilidade do construtor e comprovado por meio de laudo sistêmico. O ensaio deve seguir as premissas do Anexo E da NBR 15575-4.	Ensaio	Construtor	Laudo de ensaio
14.2. Vida útil do projeto dos SVVIE			
14.2.1: Vida útil de projeto	Análise de projeto	Projetista de estrutura, arquitetura e instalações	Declaração em projeto

PARTE 4: SISTEMAS DE VEDAÇÕES VERTICAIS INTERNAS E EXTERNAS – SVVIE			
Verificação	Avaliação	Responsável	Comprovação
O SVVIE da edificação habitacional deve apresentar vida útil de projeto (VUP) igual ou superior aos períodos especificados no Anexo C NBR 15575-1 e devem ser submetidos a manutenções preventivas e a manutenções corretivas e de conservação previstas no manual de uso, operação e manutenção. Caso não houver declaração do valor da VUP, admite-se o valor mínimo especificado na norma mencionada. A vida útil do SVVI é de no mínimo 20 anos e do SVVE de no mínimo 40 anos, segundo NBR 15575-1.	Análise de projeto	Projetista de estrutura, arquitetura e instalações	Declaração em projeto
14.3. Manutenibilidade dos SVVIE			
14.3.1: Manual de operação, uso e manutenção dos sistemas de vedação vertical Realizar análise do manual de uso, operação e manutenção das edificações, considerando as diretrizes gerais da NBR 5674 e NBR 14037, e ainda especificar em projeto todas as condições de uso, operação e manutenção dos sistemas de vedações verticais internas e externas, especialmente com relação a: a) caixilhos, esquadrias e demais componentes; b) recomendações gerais para prevenção de falhas e acidentes decorrentes de utilização inadequada (fixação de peças suspensas com peso incompatível com o sistema de paredes, abertura de vãos em paredes com função estrutural, limpeza de pinturas, travamento impróprio de janelas tipo guilhotina e outros);	Análise de projeto	Construtor/ incorporador	Manual de uso, operação e manutenção

PARTE 4: SISTEMAS DE VEDAÇÕES VERTICAIS INTERNAS E EXTERNAS – SVVIE			
Verificação	Avaliação	Responsável	Comprovação
c) periodicidade, forma de realização e forma de registro de inspeções; d) periodicidade, forma de realização e forma de registro das manutenções; e) técnicas, processos, equipamentos, especificação e previsão quantitativa de todos os materiais necessários para as diferentes modalidades de manutenção, incluindo-se não restritivamente as pinturas, tratamento de fissuras e limpeza; f) menção às normas aplicáveis.	Análise de projeto	Construtor/ incorporador	Manual de uso, operação e manutenção

PARTE 5: SISTEMAS DE COBERTURAS – SC			
Verificação	Avaliação	Responsável	Comprovação
7. Desempenho estrutural			
7.1. Resistência e deformabilidade			
7.1.1: Comportamento estático O SC da edificação deve ser projetado, construído e montado de forma a atender dois fatores: Dar condições de manutenibilidade e montagem. Ter resistência a cargas dinâmicas. Especificação dos insumos, componentes e planos de montagem do SC.	Análise de projeto	Projetista de estrutura	Declaração em projeto

PARTE 5: SISTEMAS DE COBERTURAS – SC			
Verificação	**Avaliação**	**Responsável**	**Comprovação**
7.1.2: Risco de arrancamento de componentes do SC sob ação do vento Sob ação do vento, calculada de acordo com NBR 6123, o SC deve atender o critério de não ocorrência de remoção ou de danos de componentes sujeitos a esforços de sucção e ainda pode-se seguir o Anexo J da NBR 15575-5 para realizar os cálculos dos esforços atuantes do vento em coberturas.	Análise de projeto	Projetista de estrutura	Declaração em projeto (Memorial de cálculo do SC)
7.2. Solicitações de montagem ou manutenção			
7.2.1: Cargas concentradas As estruturas principal e secundária, sendo treliçadas ou reticuladas, devem suportar a ação de carga vertical concentrada de 1 kN, aplicada na seção mais desfavorável, sem que ocorram falhas ou que sejam superados os critérios limites de deslocamento em função do vão. Indicação da vida útil de projeto do SC e incluir memórias de cálculo estrutural do SC no memorial descritivo.	Análise de projeto e Ensaio para casos especiais	Projetista de estrutura	Memorial de cálculo do SC

PARTE 5: SISTEMAS DE COBERTURAS – SC			
Verificação	**Avaliação**	**Responsável**	**Comprovação**
7.2.2: Cargas concentradas em sistemas de cobertura acessíveis aos usuários Este tipo de SC deve suportar uma ação simultânea de três cargas de 1 kN cada uma, com pontos de aplicação formando um triângulo equilátero com 45 cm de lado, sem que ocorram rupturas ou deslocamentos.	Análise de projeto	Projetista de estrutura	Declaração em projeto
7.4. Solicitações em forros			
7.4.1: Peças fixadas em forros Os forros devem suportar a ação da carga vertical correspondente ao objeto que se pretende fixar (lustres, luminárias), adotando--se coeficiente de majoração no mínimo igual a 3. Para carga de serviço admite-se a ocorrência de deslocamento em até L/600, não podendo ultrapassar 5 mm, sendo L o vão do forro. Também no projeto de forro deve-se indicar a carga máxima a ser suportada pelo elemento ou componente de forro bem como as disposições construtivas e sistemas de fixação dos elementos ou componentes atendendo às Normas Brasileiras.	Análise de projeto	Projetista de arquitetura	Declaração em projeto
Apresentar no projeto a carga a que o forro resiste.	Análise de Projeto	Construtor	Manual de uso, operação e manutenção

PARTE 5: SISTEMAS DE COBERTURAS – SC			
Verificação	Avaliação	Responsável	Comprovação
7.5. Ação do granizo e outras cargas acidentais em telhados			
7.5.1: Resistência ao impacto Sob a ação de impactos de corpo duro, o telhado deve atender ao critério de não sofrer ruptura ou transpassamento em face da aplicação de impacto com energia igual a 1,0 J. O ensaio deve seguir as premissas do Anexo C da NBR 15575-5.	Ensaio	Construtor	Laudo do fornecedor
8. Segurança contra incêndio			
8.2. Reação ao fogo dos materiais de revestimento e acabamento			
8.2.1: Avaliação da reação ao fogo da face interna do sistema de cobertura das edificações A superfície inferior das coberturas e subcoberturas, ambas as superfícies de forros, ambas as superfícies de materiais isolantes térmicos e absorventes acústicos e outros incorporados ao sistema de cobertura do lado interno da edificação devem ser classificados como I, II A ou III A de acordo com a Tabela 1 ou 2 da NBR 15575-5. Os materiais devem ter índice de propagação superficial de chama ínfimo sendo < 25 ou de preferência incombustível. O projeto do SC deve estabelecer os indicadores de reação ao fogo de cada componente de forma isolada e descrever as implicações na propagação de chamas e geração de fumaça.	Ensaio	Construtor	Laudo do fornecedor

PARTE 5: SISTEMAS DE COBERTURAS – SC			
Verificação	Avaliação	Responsável	Comprovação
8.2.2: Avaliação da reação ao fogo da face externa do sistema de cobertura das edificações A avaliação da resistência ao fogo da face externa do sistema de cobertura das edificações deve ser classificada como A, II, ou III de acordo com a Tabela 3 da NBR 15575-5. Os materiais cerâmicos, fibrocimento e metálico são incombustíveis, portanto não precisam de ensaio/laudo.	Ensaio	Construtor	Laudo do fornecedor
8.3. Resistência ao fogo do SC			
8.3.1: Resistência ao fogo do SC A resistência ao fogo da estrutura deve atender aos requisitos da NBR 14432, considerando um valor mínimo de 30 minutos.	Análise de projeto	Projetista de estrutura	Declaração em projeto
9. Segurança no uso e na operação			
9.1. Integridade do SC			
9.1.1: Risco de deslizamento de componentes Deve haver segurança no SC por meio da garantia da não ocorrência de: destacamento de telhas, partes soltas ao longo do tempo, que podem ocorrer em função de uma ação do peso próprio excessiva não calculada ou sobrecargas em situações de manutenção.	Análise de projeto	Projetista de estrutura	Declaração em Projeto

PARTE 5: SISTEMAS DE COBERTURAS – SC			
Verificação	**Avaliação**	**Responsável**	**Comprovação**
9.2. Manutenção e operação			
9.2.1: Guarda-corpos em coberturas e terraços acessíveis aos usuários Os guarda-corpos em coberturas acessíveis aos usuários destinados a solariuns, terraços, jardins e similares devem estar de acordo com a NBR 14718. No caso de coberturas que permitam acesso de veículos, o guardacorpo deve resistir a cargas concentradas de intensidade de 25kN aplicada a 50 cm a partir do piso, em caso de haver barreiras fixas que impeçam o acesso ao guardacorpo, estas devem resistir às mesmas cargas.	Análise de projeto	Projetista de estrutura	Declaração em projeto
9.2.2: Platibandas Sistemas ou platibandas previstos para sustentar andaimes suspensos ou balancins leves, devem suportar a ação dos esforços atuantes no topo e ao longo de qualquer trecho, pela força F (do cabo), majorada conforme NBR 8681, associados ao braço de alavanca e à distância entre pontos de apoio, fornecidos ou informados pelo fornecedor do equipamento e dos dispositivos.	Análise de projeto	Projetista de estrutura	Detalhamento das platibandas e especificação dos esforços
9.2.3: Segurança no trabalho em sistemas de coberturas inclinadas	Análise de projeto	Projetista de arquitetura	Detalhamento das platibandas e especificação dos esforços

PARTE 5: SISTEMAS DE COBERTURAS – SC			
Verificação	Avaliação	Responsável	Comprovação
Os sistemas de coberturas inclinados com declividade superior a 30% devem ser providos de dispositivo de segurança suportados pela estrutura principal. 9.2.4: Possibilidade de caminhamento de pessoas sobre os sistemas de cobertura	Análise de projeto	Projetista de arquitetura	Detalhamento das platibandas e especificação dos esforços
Telhados e lajes de cobertura que propiciam o caminhamento de pessoas, em operação de montagem, manutenção ou instalação, devem suportar carga vertical concentrada maior ou igual a 1,2 kN nas posições indicadas em projeto e no manual do proprietário, sem apresentar ruptura, fissuras, deslizamentos ou outras falhas. Tendo como premissas de projeto: Delimitar em projeto as posições dos componentes dos telhados que não possuem resistência mecânica suficiente para o caminhamento de pessoas. Indicar a forma de deslocamento das pessoas sobre os telhados em manuais de operação uso e manutenção.	Análise de projeto	Projetista de arquitetura	Declaração em projeto
9.2.5: Aterramento de sistemas de coberturas metálicas Os sistemas de cobertura constituídos por estrutura por telhas metálicas devem ser aterrados, seguindo a NBR 5419.	Análise de projeto	Projetista de instalações	Solução descrita em projeto

PARTE 5: SISTEMAS DE COBERTURAS – SC			
Verificação	**Avaliação**	**Responsável**	**Comprovação**
10. Estanqueidade			
10.1. Condições de salubridade no ambiente habitável			
10.1.1: Impermeabilidade O SC não deve apresentar escorrimento, gotejamento de água ou gotas aderentes, aceita-se o aparecimento de manchas de umidade, desde que restritas a no máximo 35% das telhas. Seguir premissas da NBR 5642 para realização do ensaio.	Ensaio	Construtor	Laudo do fornecedor
10.2.1: Estanqueidade do SC Não deve ocorrer no SC a penetração ou infiltração de água que acarrete escorrimento ou gotejamento. Seguir as orientações do Anexo D da NBR 15575-5 para realização do ensaio.	Ensaio	Construtor	Laudo de ensaio
10.3.1: Estanqueidade das aberturas de ventilação Não pode haver infiltração de água ou gotejamento nas regiões das aberturas de ventilação, constituídas por entradas de ar nas linhas de beiral e saídas de ar nas linhas das cumeeiras, ou de componentes de ventilação. Detalhamento das aberturas de ventilação.	Análise de projeto	Projetista de arquitetura	Solução descrita em projeto

PARTE 5: SISTEMAS DE COBERTURAS – SC			
Verificação	Avaliação	Responsável	Comprovação
10.4.1: Captação e escoamento de águas pluviais Considerar as disposições da NBR 10844 e avaliar a capacidade do sistema de captar a drenagem pluvial da cobertura no pior caso. Especificar em planta caimento dos panos, projeção dos beirais, encaixes e sobreposições e fixação de telhas, especificar o sistema de águas pluviais e detalhar os elementos que promovem dissipação ou afastamento do fluxo de água das superfícies das fachadas, visando evitar o acúmulo de água e infiltração de umidade. Detalhamentos da cobertura no projeto de cobertura e do sistema de captação pluvial no projeto hidrossanitário.	Análise de projeto	Projetista de instalações	Solução descrita em projeto
10.5.1: Estanqueidade para SC impermeabilizado Consideradas as seguintes premissas de projeto: Serem estanques por no mínimo 72 h no ensaio de lâmina de água. Manter a estanqueidade ao longo da vida útil de projeto do SC.	Ensaio	Construtor	Laudo de ensaio
11. Desempenho térmico			
11.2. Isolação térmica da cobertura			
11.2.1: Transmitância térmica Para atender ao desempenho mínimo de isolação de cobertura é preciso efetuar cálculo de transmitância térmica, que deve ser $U < 2,30$ W/m².K, em caso de almejar desempenho de nível superior é necessário desenvolver simulações de projeto.	Análise de projeto	Projetista de arquitetura	Declaração em projeto

PARTE 5: SISTEMAS DE COBERTURAS – SC			
Verificação	**Avaliação**	**Responsável**	**Comprovação**
Cálculos de transmitância térmica pelo procedimento simplificado (o qual foi significativamente alterado na versão de 2021).	Análise de projeto	Projetista de arquitetura	Declaração em projeto
12. Desempenho acústico			
12.3. Isolamento acústico da cobertura devido a sons aéreos			
12.3.1: Isolamento acústico da cobertura devido a sons aéreos em campo Apenas os dormitórios da unidade habitacional devem ser avaliados conforme Tabela 7 da NBR 15575-5.	Ensaio	Construtor	Laudo de ensaio
12.4. Nível de ruído de impacto nas coberturas acessíveis de uso coletivo			
12.4.1: Nível de ruído de impacto nas coberturas acessíveis de uso coletivo O sistema de cobertura deve desempenhar nível de pressão sonora de impacto padronizado inferior a 55dB. Considera-se laje com no mínimo 15 cm de espessura como pré-requisito para avaliação neste critério.	Ensaio	Construtor	Laudo de ensaio

PARTE 5: SISTEMAS DE COBERTURAS – SC			
Verificação	**Avaliação**	**Responsável**	**Comprovação**
14. Durabilidade e manutenibilidade			
14. Vida útil de projeto			
14.1: Vida útil de projeto O SC deve demonstrar atendimento à vida útil de projeto estabelecida no Anexo C da NBR 15575-1, caso não haja declaração de VUP, assume-se o valor mínimo de 20 anos.	Análise de projeto	Projetista de arquitetura, estrutural e instalações	Declaração em projeto
14.2: Estabilidade da cor de telhas e outros componentes da cobertura Solicitar laudos dos fabricantes do método de ensaio NBR ISO 105-A02, que apresentem a alteração de cor (escala de cinza) após exposição a envelhecimento acelerado, conforme Anexo H da NBR 15575-5. Não sendo aplicado em componentes sem superfícies pigmentadas, coloridas, pintadas, esmaltadas, anodizadas ou qualquer outro processo de tingimento.	Ensaio	Construtor	Laudo do fornecedor
14.3: Manual de operação, uso e manutenção das coberturas Os fabricantes do SC e/ou dos componentes/subsistemas, bem como construtor e o incorporador público ou privado, isolada ou solidariamente, devem especificar todas as condições de uso, operação e manutenção dos SC, conforme definido nas premissas do projeto e na NBR 5674.	Análise de projeto	Construtor	Manual de operação, uso e manutenção

NORMA DE DESEMPENHO DE EDIFICAÇÕES: MODELO DE APLICAÇÃO EM CONSTRUTORAS

PARTE 5: SISTEMAS DE COBERTURAS – SC			
Verificação	Avaliação	Responsável	Comprovação
16. Funcionalidade e acessibilidade			
16.2. Manutenção dos equipamentos e dispositivos ou componentes constituintes e integrantes do SC			
16.2.1: Instalação, manutenção e desinstalação de equipamentos e dispositivos da cobertura O SC deve ser passível de proporcionar meios pelos quais permitam atender fácil e tecnicamente às vistorias, manutenções e instalações previstas em projeto.	Análise de projeto	Construtor	Manual de operação, uso e manutenção

PARTE 6: SISTEMAS HIDROSSANITÁRIOS			
Verificação	Avaliação	Responsável	Comprovação
7. Segurança estrutural			
7.1. Resistência mecânica dos sistemas hidrossanitários e das instalações			
7.1.1: Tubulações suspensas Os fixadores ou suportes das tubulações, aparentes ou não, assim como as próprias tubulações, resistam, sem entrar em colapso, a cinco vezes o peso próprio das tubulações cheias de água para tubulações fixas no teto ou em outros elementos estruturais, bem como não apresentem deformações que excedam 0,5% do vão. Realizar ensaio conforme premissas do item 7.1.1.1.	Ensaio	Construtor	Laudo de ensaio
7.1.2: Tubulações enterradas As tubulações enterradas devem manter sua integridade (existência de berços e envelopamentos).	Análise de projeto	Projetista de instalações	Solução em projeto

PARTE 6: SISTEMAS HIDROSSANITÁRIOS			
Verificação	**Avaliação**	**Responsável**	**Comprovação**
7.1.3: Tubulações embutidas As tubulações embutidas não devem sofrer ações externas que possam danificá-las ou comprometer a estanqueidade ou o fluxo (existência de dispositivos que assegurem a não transmissão de esforços para a tubulação). Casos em que a tubulação faça transição de sistemas que a abrigam e que nesses pontos estejam presentes dispositivos flexíveis (envelopamento de borracha ou silicone) que estejam em contato com a tubulação e que proporcionem a possibilidade de trabalho dessas tubulações em caso de movimentação natural da estrutura e seus elementos de vedação, ou trabalho por dilatação térmica.	Análise de projeto	Projetista de instalações	Solução em projeto
7.2. Solicitações dinâmicas dos sistemas hidrossanitários			
7.2.1: Sobrepressão máxima no fechamento de válvulas de descarga As válvulas de descarga, metais de fechamento rápido e do tipo monocomando não podem provocar sobrepressões no fechamento superiores a 0,2 MPa (Golpe de Ariete), estando as válvulas de descarga de acordo com a NBR 15857.	Ensaio	Setor de compras do construtor	Laudo do fornecedor

PARTE 6: SISTEMAS HIDROSSANITÁRIOS			
Verificação	**Avaliação**	**Responsável**	**Comprovação**
7.2.2: Altura manométrica máxima O sistema hidrossanitário deve possuir pressão máxima estabelecida na NBR 5626, verificando em projeto as pressões estáticas mais desfavoráveis. Acrescenta-se ainda que a pressão da água em qualquer ponto de utilização não deve ultrapassar 400 kPa.	Análise de projeto	Projetista de instalações	Declaração em projeto
7.2.3: Sobrepressão máxima quando da parada de bombas de recalque A velocidade do fluído deve ser inferior a 10 m/s.	Análise de projeto	Projetista de instalações	Declaração em projeto
7.2.4: Resistência a impactos de tubulações aparentes As tubulações aparentes fixadas até 1,5 m acima do piso devem resistir a impactos (de corpos mole e duro) que possam ocorrer durante a vida útil de projeto, sem sofrerem perda de funcionalidade ou ruína, conforme Tabela 1 da NBR 15575-6.	Ensaio	Construtor	Laudo de ensaio

PARTE 6: SISTEMAS HIDROSSANITÁRIOS			
Verificação	**Avaliação**	**Responsável**	**Comprovação**
8. Segurança contra incêndio			
8.1. Combate a incêndio com água			
8.1.1: Reserva de água para combate a incêndio O volume de água reservado para combate a incêndio deve ser estabelecido conforme legislação vigente ou, na sua ausência, segundo as normas NBR 10897 e NBR 13714.	Análise de projeto	Projetista de instalações	Aprovação do projeto nos bombeiros
8.2. Combate a incêndio com extintores			
8.2.1: Tipo e posicionamento de extintores Os extintores devem ser classificados e posicionados conforme legislação vigente (Instruções Normativas dos bombeiros).	Análise de projeto	Projetista de instalações	Aprovação do projeto nos bombeiros
8.3. Evitar propagação de chamas entre pavimentos			
8.3.1: Evitar propagação de chamas entre pavimentos Quando as prumadas de esgoto sanitário e ventilação estiverem instaladas aparentes, fixadas em alvenaria ou no interior de dutos verticais (*shaft*), devem ser fabricadas com material não propagante de chamas, seguindo os critérios da ISO 1182. No caso de tubulações de PVC, este é um material autoextinguível.	Análise de projeto	Projetista de instalações	Declaração em projeto

NORMA DE DESEMPENHO DE EDIFICAÇÕES: MODELO DE APLICAÇÃO EM CONSTRUTORAS

PARTE 6: SISTEMAS HIDROSSANITÁRIOS			
Verificação	Avaliação	Responsável	Comprovação
9. Segurança no uso e na operação			
9.1. Risco de choques elétricos e queimaduras em sistemas de equipamentos de aquecimento e em eletrodomésticos ou eletroeletrônicos			
9.1.1: Aterramento das instalações, dos aparelhos aquecedores, dos eletrodomésticos e dos eletroeletrônicos Todas as tubulações, equipamentos e acessórios do sistema hidrossanitário devem ser direta ou indiretamente aterrados, conforme NBR 5410. Apresentação do projeto de aterramento.	Análise de projeto	Projetista de instalações	Declaração em projeto
9.1.2: Corrente de fuga em equipamentos Os equipamentos (chuveiro) devem atender às NBR 12090 e NBR 14016, limitando-se à corrente de fuga para outros aparelhos em 15 mA.	Ensaio	Construtor	Laudo do fornecedor
9.1.3: Dispositivo de segurança em aquecedores elétricos de acumulação Os aparelhos elétricos de acumulação utilizados para aquecimento da água devem ser providos de dispositivo de alívio para o caso de sobrepressão e também de dispositivo de segurança que corte a alimentação de energia em caso de superaquecimento.	Inspeção	Construtor	Relatório de inspeção

PARTE 6: SISTEMAS HIDROSSANITÁRIOS			
Verificação	Avaliação	Responsável	Comprovação
9.2. Risco de explosão, queimaduras ou intoxicação por gás			
9.2.1: Dispositivos de segurança em aquecedores de acumulação a gás Os aparelhos de acumulação a gás, utilizados para o aquecimento de água, devem prover de dispositivo de alívio para o caso de sobrepressão e também de dispositivo de segurança que corte a alimentação do gás em caso de superaquecimento. Idem 9.1.3.	Inspeção	Construtor	Relatório de inspeção
9.2.2: Instalação de equipamentos a gás combustível O funcionamento do equipamento a gás combustível instalado em ambientes residenciais deve ser feito de maneira que a concentração máxima de CO^2 não ultrapasse o valor de 0,5%.	Análise de projeto	Projetista de instalações	Detalhamento da chaminé
9.3. Permitir utilização segura aos usuários			
9.3.1: Prevenção de ferimentos	Inspeção	Construtor	Relatório de inspeção
As peças de utilização e demais componentes dos sistemas hidrossanitários que são manipulados pelos usuários sigam o critério de não poderem possuir cantos vivos ou superfícies ásperas.	Análise do projeto	Projetista de instalações	Declaração em projeto
9.3.2 Resistência mecânica de peças e aparelhos sanitários As peças e aparelhos sanitários possuam resistência mecânica aos esforços a que serão submetidas na sua utilização, seguindo diversas normas técnicas citadas no critério.	Ensaio	Construtor	Laudo do fornecedor

PARTE 6: SISTEMAS HIDROSSANITÁRIOS			
Verificação	Avaliação	Responsável	Comprovação
9.4. Temperatura de utilização da água			
9.4.1: Temperatura de aquecimento As possibilidades de mistura de água fria, regulagem de vazão e outras técnicas existentes no sistema hidrossanitário, no limite de sua aplicação, permitem que a regulagem da temperatura da água na saída do ponto de utilização atinja apenas valores abaixo de 50º C. O aparelho deve conter termostato.	Ensaio	Construtor	Laudo do fornecedor
10. Estanqueidade			
10.1. Estanqueidade das instalações dos sistemas hidrossanitários de água fria e água quente			
10.1.1: Estanqueidade à água das instalações de água As tubulações do sistema predial de água não podem apresentar vazamento quando submetidas, durante 1 h, à pressão hidrostática de 1,5 vezes o valor da pressão prevista em projeto, na mesma seção, e de, em nenhum caso, serem ensaiadas a pressões inferiores a 100 kPa.	Ensaio	Construtor	Laudo de ensaio
10.1.2: Estanqueidade à água de peças de utilização As peças de utilização não podem apresentar vazamento quando submetidas à pressão hidrostática máxima prevista nas NBR 5626.	Ensaio	Construtor	Laudo do fornecedor

PARTE 6: SISTEMAS HIDROSSANITÁRIOS			
Verificação	**Avaliação**	**Responsável**	**Comprovação**
10.2. Estanqueidade das instalações dos sistemas de esgoto e de águas pluviais			
10.2.1: Estanqueidade das instalações de esgoto e de águas pluviais As tubulações dos sistemas de esgoto sanitário e de águas pluviais não podem apresentar vazamento quando submetidas à pressão estática de 60 kPa, durante 15 minutos, se o ensaio for feito com água, ou de 35 kPa, durante o mesmo período de tempo, com o ensaio feito com ar.	Ensaio	Construtor	Laudo de ensaio
10.2.2: Estanqueidade à água das calhas As calhas, com todos os seus componentes do sistema predial de águas pluviais, devem ser estanques, quando submetidas à obstrução das saídas e enchendo -as com água até no nível de transbordamento e verificando vazamentos.	Ensaio	Construtor	Laudo de ensaio
14. Durabilidade e Manutenibilidade			
14.1. Vida útil de projeto das instalações hidrossanitárias			
14.1.1: Vida útil de projeto O projeto hidrossanitário deve apresentar atendimento à vida útil de projeto, de acordo com o Anexo C da NBR 15575-1, sendo a VUP mínima de 20 anos.	Análise de projeto	Projetista de instalações	Declaração em projeto
14.1.2: Projeto e execução das instalações hidrossanitárias A qualidade do projeto e da execução dos sistemas hidrossanitários devem atender às Normas Brasileiras vigentes. Seguir Anexo A da NBR 15575-6 (Lista de verificação para os projetos).	Análise de projeto	Projetista de instalações	Declaração em projeto

PARTE 6: SISTEMAS HIDROSSANITÁRIOS			
Verificação	Avaliação	Responsável	Comprovação
14.1.3: Durabilidade dos sistemas, elementos, componentes e instalações Os elementos, componentes e instalações dos sistemas hidrossanitários devem possuir durabilidade compatível com vida útil de projeto. Dentro do projeto devem constar as especificações dos materiais utilizados	Análise de projeto	Projetista de instalações	Declaração em projeto
14.2. Manutenibilidade das instalações hidráulicas, de esgoto e de águas pluviais			
14.2.1: Inspeções em tubulações de esgoto e águas pluviais Nas tubulações de esgoto e de águas pluviais devem ser previstos dispositivos de inspeção nas condições prescritas, respectivamente, das NBR 8160 e NBR 10844.	Análise de projeto	Projetista de instalações	Declaração em projeto
14.2.2: Manual de operação, uso e manutenção das instalações hidrossanitárias O fornecedor do sistema hidrossanitário, de seus elementos ou componentes deve especificar todas as suas condições de uso, operação e manutenção, incluindo o "Como Construído".	Análise de projeto	Construtor ou incorporador	Manual de operação, uso e manutenção

PARTE 6: SISTEMAS HIDROSSANITÁRIOS			
Verificação	**Avaliação**	**Responsável**	**Comprovação**
15. Saúde, higiene e qualidade do ar			
15.1. Contaminação da água a partir dos componentes das instalações			
15.1.1: Independência do sistema de água O sistema de água potável deve ser separado fisicamente de qualquer outra instalação que conduza água não potável de qualidade insatisfatória, desconhecida ou questionável.	Análise de projeto	Projetista de instalações	Declaração em projeto
15.2. Contaminação biológica das tubulações			
15.2.1: Risco de contaminação biológica das tubulações A superfície interna de todos os componentes que ficam em contato com a água potável deve ser lisa e fabricada de material lavável para evitar a formação de aderência de biofilme. Se for de PVC não precisa ensaio.	Ensaio	Construtor	Laudo do fornecedor
15.2.2: Risco de estagnação da água Os componentes da instalação hidráulica (tanques, pias de cozinha e válvulas de escoamento) não podem permitir o empoçamento de água nem sua estagnação causada pela insuficiência de renovação.	Ensaio	Construtor	Laudo do fornecedor
15.3. Contaminação da água potável do sistema predial			
15.3.1: Tubulações e componentes de água potável enterrados Os componentes do sistema de instalação enterrados devem ser protegidos contra entrada de animais ou corpos estranhos, bem como de líquidos que possam contaminar a água potável, estando em conformidade com as NBR 5626 e NBR 8160.	Análise de projeto	Projetista de instalações	Declaração em projeto

PARTE 6: SISTEMAS HIDROSSANITÁRIOS			
Verificação	**Avaliação**	**Responsável**	**Comprovação**
15.4. Contaminação por refluxo de água			
15.4.1: Separação atmosférica A separação atmosférica por física ou mediante equipamentos deve atender as premissas da NBR 5626.	Análise de projeto	Projetista de instalações	Declaração em projeto
15.5. Ausência de odores provenientes da instalação de esgoto			
15.5.1: Estanqueidade aos gases O sistema de esgoto sanitário deve ser projetado a não ocorrer retrossifonagem ou quebra do fecho hídrico. Tubulação de ventilação.	Análise de projeto	Projetista de instalações	Declaração em projeto
15.6. Contaminação do ar ambiente pelos equipamentos			
15.6.1: Teor de poluentes	Análise de projeto	Projetista de instalações	Declaração em projeto
Os ambientes não podem apresentar teor de CO2 superior a 0,5% e de CO superior a 30 ppm (equipamentos a gás).	Inspeção	Construtor	Relatório de inspeção
16. Funcionalidade e acessibilidade			
16.1. Funcionamento das instalações de água			
16.1.1: Dimensionamento da instalação de água fria e quente O sistema predial de água fria e quente deve fornecer água na pressão, vazão e volume compatíveis com o uso, associado a cada ponto de utilização, considerando a possibilidade de uso simultâneo.	Análise de projeto	Projetista de instalações	Declaração em projeto
16.1.2: Funcionamento de dispositivos de descarga As caixas e válvulas de descarga devem atender ao disposto das NBR 15491 e NBR 15857, no que se refere à vazão e volume de descarga.	Ensaio	Construtor	Laudo do fornecedor

PARTE 6: SISTEMAS HIDROSSANITÁRIOS			
Verificação	**Avaliação**	**Responsável**	**Comprovação**
16.2. Funcionamento das instalações de esgoto			
16.2.1: Dimensionamento da instalação de esgoto O sistema predial de esgoto deve coletar e afastar nas vazões com que normalmente são descarregados os aparelhos sem que haja transbordamento, acúmulo na instalação, contaminação do solo ou retorno a aparelhos não utilizados.	Análise de projeto	Projetista de instalações	Declaração em projeto
16.3. Funcionamento das instalações de águas pluviais			
16.3.1: Dimensionamento de calhas e condutores As calhas e condutores devem suportar vazão de projeto, calculada a partir da intensidade de chuva adotada para a localidade e para certo período de retorno.	Análise de projeto	Projetista de instalações	Declaração em projeto
17. Conforto tátil e antropodinâmico			
17.1. Conforto na operação dos sistemas prediais			
17.2 Adaptação ergonômica dos equipamentos As peças de utilização, inclusive registros de manobra, devem possuir volantes ou dispositivos com formato e dimensões que proporcionem torque ou força adequada de acionamento acionamento, de acordo com as normas pertinentes, tais como a NBR 16479 e a NBR 15491.	Ensaio	Construtor	Laudo do fornecedor

PARTE 6: SISTEMAS HIDROSSANITÁRIOS			
Verificação	**Avaliação**	**Responsável**	**Comprovação**
18. Adequação ambiental			
18.1. Uso racional da água			
18.1.1: Consumo de água em bacias sanitárias As bacias sanitárias devem ter volume de descarga de acordo com as especificações da NBR 15097-1.	Ensaio	Construtor	Laudo do fornecedor
18.1.2: Fluxo de água em peças de utilização As peças de utilização (metais sanitários) devem possuir vazão que permitam tornar mais eficiente possível o uso da água nelas utilizada.	Ensaio	Construtor	Laudo do fornecedor
18.2. Contaminação do solo e do lençol freático			
18.2.1: Tratamento e disposição de efluentes Os sistemas prediais de esgoto sanitário devem estar ligados à rede pública de esgoto ou a um sistema localizado de tratamento e disposição de efluentes, atendendo às NBR 8160 e NBR 17076.	Análise de projeto	Projetista de instalações	Declaração em projeto